复旦卓越·普通高等教育21世纪规划教材

学做一体单片机项目开发教程

主　编　万松峰

副主编　陈永刚　虞晓琼

U0220019

前　　言

　　本书按照职业教育以就业为导向的宗旨,结合课程组十余年的教学改革和工学结合经验编写而成;以单片机应用技能训练为核心,从内容与方法、教与学做等方面体现了高职教育的教学特色。

　　本书采用项目化方式,将单片机和 C 语言编程的知识融入项目,在项目中显示理论,用 Keil C 作为编程软件,用 Proteus 软件仿真。从高职学生的实际学习能力出发,遵循由浅入深、从简单到复杂的认识规律,通过任务驱动的方式,一步一步地引导学生自己动手完成每次任务。任务案例包括硬件电路设计和程序设计,具有典型性和实用性;整个任务完成过程既是"做"的过程,也是"学"的过程,软硬同步、理实结合,构建了"训练任务+学习知识"的结构体系和教学模式,是现代先进职业教育的典型体现;引进先进的仿真技术,在 Proteus 软件设计平台中动手设计,使学生在有限的时间里快速地熟悉和掌握任务中的电路原理及设计,具有高效性;将 C 语言的学习融入到任务中,避免了单独学习 C 语言时的枯燥乏味,使学习易学易懂,让学生在技能训练中掌握编程方法。

　　本书主要的特点如下:

　　1. 任务引导教学做。全书采用项目化方式,以工作任务为导向,由任务引入相关知识和理论,通过技能训练引出相关概念、硬件设计与编程技巧,体现了做中学、学中练的教学思路,非常适合作为高等院校的教材。

　　2. 采用 C 语言编程。在实际工作中,单片机应用产品的开发基本上不采用汇编语言程序。因此,C 语言是单片机教学改革的重要内容。C 语言程序易于阅读、理解,程序风格更加人性化,且方便移植,目前已经成为单片机应用产品开发的主流语言。本书把相关的 C 语言知识融合在工作任务中,以够用为度,让学生在技能训练中逐渐掌握编程方法,易教、易学。

3. 任务仿真设计。在 Proteus 8.6 平台上,实现了本书绝大部分任务的功能仿真,并提供了仿真电路和仿真程序,供读者下载使用。

本书为应用型本科和高职高专院校电子信息类、通信类、自动化类、机电类、机械制造类等专业的单片机技术课程的教材,也可作为开放大学、成人教育、自学考试、中职学校和培训班的教材,以及电子工程技术人员的参考工具书。

本书由东莞职业技术学院万松峰主编,陈永刚和虞晓琼副主编。万松峰对本书的编写思路与大纲进行总体策划,指导全书的编写,对全书统稿,并编写项目一~三;陈永刚协助完成统稿校对工作,并编写项目四;虞晓琼协助完成统稿工作,并编写项目五;深圳模德宝科技有限公司的蒋洪波编写了项目六,并对本书的编写提供了很多的宝贵意见和建议。在编写过程中,参考了多位同行老师的著作及资料,在此一并表示感谢!

由于时间和水平有限,书中的错误在所难免,恳请读者提出宝贵意见。

目　　录

项目

单片机最小应用系统

本项目以单片机控制发光二极管为例,介绍单片机的引脚功能和单片机最小应用系统,利用 Proteus 仿真软件学习单片机最小应用系统电路设计,利用 Keil C 软件对单片机编程实现发光二极管控制,最后在 Proteus 中实现仿真。

知识点

(1) 单片机外部引脚及功能。

(2) 单片机最小应用系统。

(3) 单片机系统开发流程。

(4) Proteus 仿真软件应用。

(5) Keil C 软件应用。

任务 1 单片机最小应用系统电路

任务要求 采用 AT89C51 单片机、5 V 电源电路、外接的时钟电路和复位电路,利用 Proteus 软件设计单片机最小系统控制电路;掌握单片机外部引脚及功能、最小系统的组成,学会使用 Proteus 仿真软件。

跟我学 1　51 系列单片机及引脚

1. 51 系列单片机简介

单片机是将 CPU（Central Processing Unit）、随机存取存储器 RAM（Random Access Memory）、只读存储器 ROM（Read-only Memory）、基本的输入/输出（Input/Output）接口电路、定时器/计数器等部件集成在一块芯片上的微型计算机。

AT89C51 是一种带 4 k 字节可编程可擦除 Flash 只读存储器（FPEROM, Flash Programmable and Erasable Read Only Memory）、128 字节的片内数据存储器（RAM）的低功耗、宽电压、高性能 8 位微处理器。该器件采用 ATMEL 高密度非易失存储器制造技术制造，与工业标准的 MCS-51 指令集和输出管脚兼容。由于

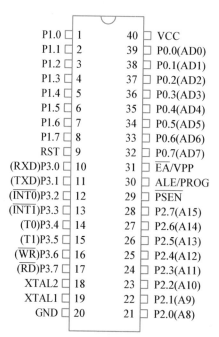

图 1.1.1　51 系列单片机 DIP 封装引脚图

将多功能 8 位 CPU 和闪烁存储器（Flash）组合在单个芯片中，ATMEL 的 AT89C51 是一种高效微控制器，为很多嵌入式控制系统提供了灵活性高且价廉的方案。

2. 51 系列单片机引脚

AT89C51 有 P0、P1、P2 和 P3 四组 8 位的并行 I/O（输入/输出）接口，可按字节寻址，也可按位寻址。它们既可以作为输出接口（如接发光二极管），也可以作为输入接口（如接按键）。除 P0 口为漏极开路外，P1、P2 和 P3 口都是弱上拉，驱动能很弱，只有加一个上拉电阻才能达到足够的驱动能力。工程上，P0、P1、P2 和 P3 做 IO 口使用时一般都接上拉电阻。51 系列单片机 DIP 封装引脚如图 1.1.1，引脚功能见表 1.1.1。

表 1.1.1　系列单片机引脚功能

引脚名称	引脚功能	引脚名称	引脚功能
P0.0～P0.7	P0 口的 8 位引脚	P1.0～P1.7	P1 口的 8 位引脚

续　表

引脚名称	引脚功能	引脚名称	引脚功能
P2.0～P2.7	P2 口的 8 位引脚	RST	复位信号端
P3.0～P3.7	P3 口的 8 位引脚	EA	外部程序存储器控制端
Vcc	电源端	ALE	地址锁存控制端
GND	接地端	PSEN	外部程序存储器选通信号
XTAL1、XTAL2	晶振引脚		

（1）P0.0～P0.7　为 P0 口的 8 位引脚。系统不扩展时，作为并行 I/O 口使用；系统扩展时，往往作为地址/数据总线来使用。作输出口使用时，输出电路为漏极开路即高阻状态，必须外接上拉电阻（一般为 10k）。P0 口的位结构原理图如图 1.1.2 所示。

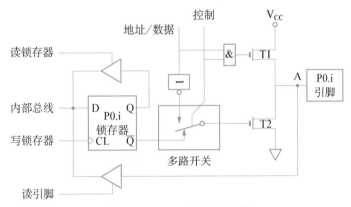

图 1.1.2　P0 口位结构原理图

（2）P1.0～P1.7　为 P1 口的 8 位引脚。通常只作为 I/O 口使用，输出驱动接有上拉电阻。P1 口的位结构原理如图 1.1.3 所示。

（3）P2.0～P2.7　为 P2 口的 8 位引脚。系统不扩展时，作为并行 I/O 口使用；系统扩展时，往往作为高 8 位地址总线使用。P2 口的位结构原理如图 1.1.4 所示。

（4）P3.0～P3.7　为 P3 口的 8 位引脚。除作为 I/O 口使用外，还有第二功能，具体见表 1.1.2。P3 口的位结构原理如图 1.1.5 所示。

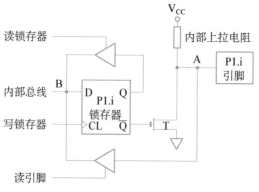

图 1.1.3　P1 口位结构原理图

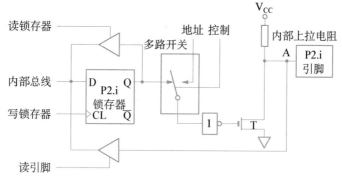

图 1.1.4　P2 口位结构原理图

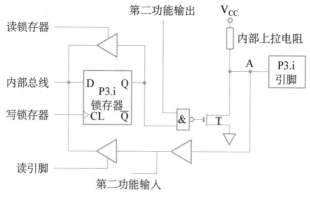

图 1.1.5　P3 口位结构原理图

表 1.1.2　P3 口各引脚的第二功能

P3 各引脚	第二功能符号	第二功能名称
P3.0	RXD	串口数据接收
P3.1	TXD	串口数据发送
P3.2	/INT0	外中断 0
P3.3	/INT1	外中断 1
P3.4	T0	定时/计数器 0
P3.5	T1	定时/计数器 1
P3.6	/WR	外部 RAM 或 I/O 写选同
P3.7	/RD	外部 RAM 或 I/O 读选同

（5）Vcc　电源端，接＋5 V。

（6）Vss　接地端。

（7）XTAL1、XTAL2　晶振引脚，接外部晶体和微调电容。

（8）RST　复位信号输入端，高电平有效。复位必须保持两个机器周期以上的高电平。单片机必须先复位才能进入工作状态。

（9）EA　外部程序存储器访问控制端。该引脚接高电平时，先从片内程序存储器中的程序执行；当该引脚接低电平时，只执行外部程序存储器中的程序。

（10）ALE　地址锁存信号端。正常工作时，该引脚以振荡频率的 1/6 固定输出正脉冲。CPU 访问片外存储器时，该引脚输出信号作为锁存低 8 位地址的控制信号。

（11）PSEN　外部程序存储器选通信号端。

跟我学 2　单片机最小系统电路

单片机最小应用系统一般包括主控单片机芯片、电源电路、复位电路和晶振电路。

1. 51 系列单片机时钟电路

51 系列单片机内部有一个用于构成振荡器的高增益反向放大器，此放大电器的输入端为 XTAL1，输出端为 XTAL2，只要在 XTAL1 和 XTAL2 之间跨接晶体振荡器和微调电容就构成了单片机时钟电路，如图 1.1.6 所示。C1、C2 为微调电容，起稳定振荡频率、快速起振和微调频率的作用，典型值为 30 pF。晶体振荡器 CYS 简称晶振,频率范围 1.2～12 MHz,为了使用串口通讯,一般振荡频率选用 11.059 2 MHz。

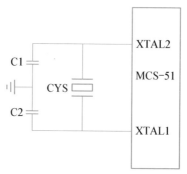

图 1.1.6　时钟振荡电路

2. 51 系列单片机复位电路

当单片机上电时,必须先复位再进入工作状态。当程序运行错误或由于错误操作而使单片机进入死锁状态时,也可以通过复位重新启动。复位是单片机的初始化操作,使 CPU 和系统中的其他功能部件恢复到初始状态,如 PC＝0000H,使单片机从 0000H 单元开始执行程序。

RST 引脚是复位信号的输入端。复位信号高电平有效,有效时间应持续 24 个振荡周期(即两个机器周期)以上。若使用频率为 12 MHz 的晶振,则复位信号持续时间应超过 2 μs 才能完成复位操作。单片机复位电路如图 1.1.7 所示。

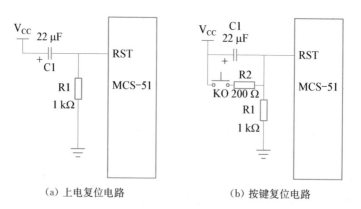

(a) 上电复位电路　　　　　　　(b) 按键复位电路

图 1.1.7　单片机复位电路

上电复位电路利用电容充电实现复位,如图 1.1.7(a)所示。上电瞬间电容短路 RST 电压同 Vcc,随着电容充电完成电容形成开路,RST 电位同 Vcc。只要保证 RST 高电平时间大于两个周期,即可复位,电容一般选取 22 μF 电解电容。

按键复位除具有上电复位功能外,还可以按键复位,如图 1.1.7(b)所示。Vcc 经电阻分压,按键按下,在 RST 端产生高电平。

单片机复位后,各特殊功能寄存器的状态,见表 1.1.3。

表 1.1.3 单片机复位后各特殊功能寄存器的状态

特殊功能寄存器	初始状态	特殊功能寄存器	初始状态
PC	0000H	TMOD	00H
ACC	00H	TCON	00H
B	00H	TH0	00H
PSW	00H	TL0	00H
SP	07H	TH1	00H
DPTR	0000H	TL1	00H
P0、P1、P2、P3	FFH	SCON	00H
IP	XXX00000B	PCON	0XXX0000B
IE	0XX00000B	SBUF	不定

动手做 1 单片机最小系统电路设计、列元件清单

单片机最小应用系统是单片机工作的最小硬件电路,除单片机外还包括电源、复位电路和晶振电路。这里选用 P1.0 驱动一个发光二极管,电路如图 1.1.8 所示。完成图 1.1.9 的单片机最小系统电路图,以及元件清单表 1.1.4。

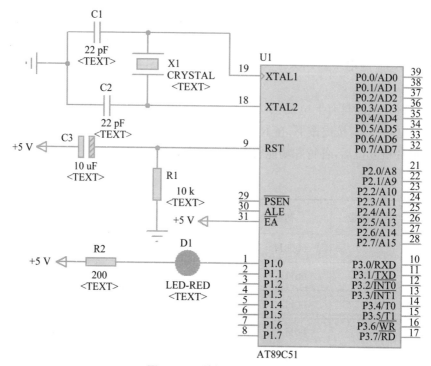

图 1.1.8　单灯控制电路图

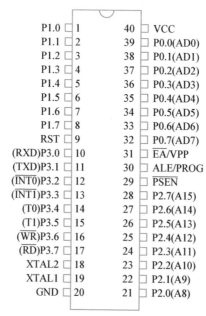

图 1.1.9　单片机最小系统(读者补充)

表 1.1.4 单片机最小系统元件清单

元件名称	参数	数量	元件名称	参数	数量

动手做 2 用 Proteus 绘制最小应用系统电路

1. 启动 Proteus 软件

按图 1.1.10 路径,点击 Proteus 图标或桌面快捷按钮 ,启动软件,如图 1.1.11 所示。

图 1.1.10 启动 Proteus 软件

图 1.1.11 Proteus 窗口界面

2. 建立、保存文件

单击菜单栏中的"File"→"New Design",弹出如图 1.1.12 所示的新建文件对话框,直接单击【OK】,则建立一个新的空白文件。最后,选择"File"→"Save Design As",弹出如图 1.1.13 所示的保存文件对话框,输入文件名"First. DSN",后单击【保存】按钮,完成操作。

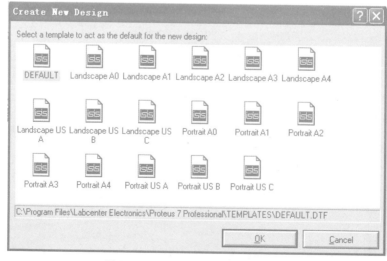

图 1.1.12 Proteus 新建文件对话框

图 1.1.13　Proteus 保存文件对话框

3. 选取并放置元器件

如图 1.1.14 所示,单击选择器件按钮"P",在"Keywords"栏中输入元器件的关键词,如"AT89",从列表中选取 AT89C52 行后双击,将 AT89C52 选入对象选择器中。相同的办法选取 RES(电阻)、BUTTON(按钮)、CRYSTAL(晶振)、CAP(电容)、CAP-ELEC(电解电容)、LED-YELLOW(发光二极管)。按如图 1.1.15 所示,依次点击元器件放置到编辑区。

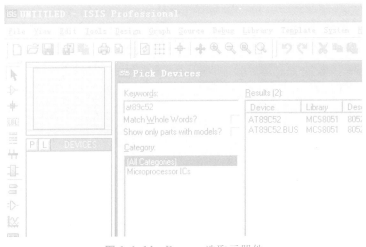

图 1.1.14　Proteus 选取元器件

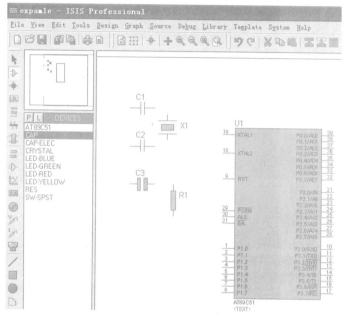

图 1.1.15　放置元器件

4. 放置电源、地

在工具栏点击终端图标 ，如图 1.1.16 所示，点击"Power"放置电源，点击"Ground"放置地。

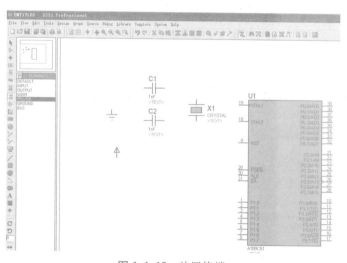

图 1.1.16　放置终端

5. 改变电阻、电容、电源属性

需要修改电阻、电容、电源等的值、名称时,右键点击选中要修改的元件,然后点击鼠标,弹出其属性对话框,按要求修改即可。

打开电容 C1 属性对话框,如图 1.1.17 所示,把电容值改为 22 pF。依次修改 C2 为 22 pF,C3 为 10 μF,晶振为 12 MHZ。

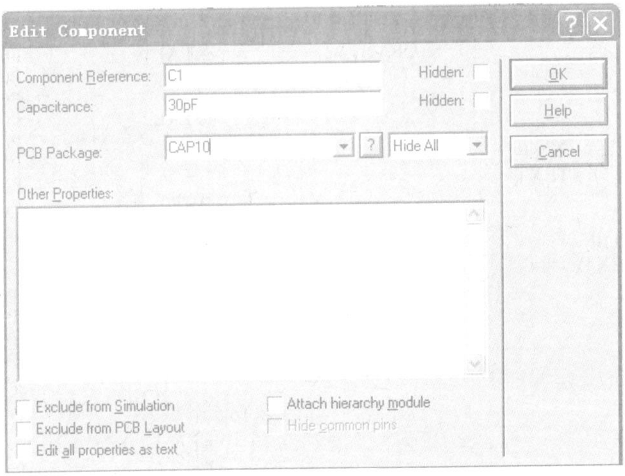

图 1.1.17　修改元件属性

要改变电源的属性,也是先选中电源,然后点击鼠标。弹出如图 1.1.18 所示的对话框,在字符信息栏中输入"VCC"或者是"+5 V"。

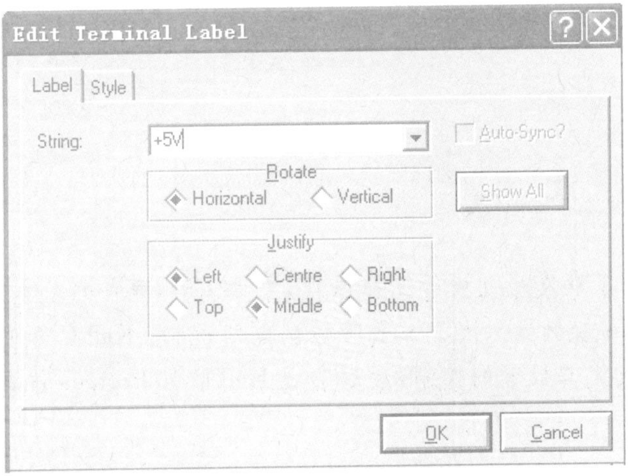

图 1.1.18　修改电源属性

6. 连线

鼠标左键接近元件引脚端点时,鼠标形状会变成交叉状,点击右键;然后,按照一定的路径连接另一元件的一端点;最后,按图1.1.19把线全部连好。

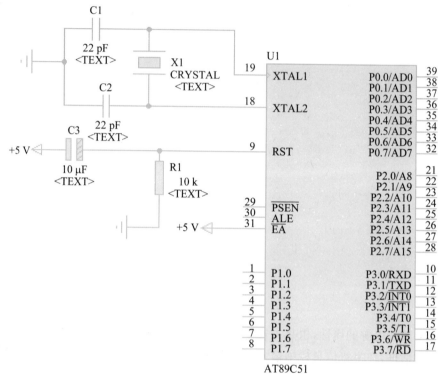

图1.1.19　单片机最小系统连线图

任务2　点亮发光二极管

任务要求　了解发光二极管工作原理,熟悉 C51 语言的基本结构,学会利用 Proteus 绘制 8 只发光二极管控制电路;利用 Keil C 开发环境编制程序实现发光二极管的控制,最后实现 Keil C 与 Proteus 仿真软件联合调试仿真。

跟我学 1　发光二极管

发光二极管简称 LED,与普通二极管结构相似,由一个 PN 结构成。发光二极管及符号如图 1.2.1 所示。在发光二极管的 PN 结上加正向电压时,发光二极管发光,仿真电路如图 1.2.2 所示。发光二极管的压降一般为 1.5~2.0 V,工作电流一般取 10~20 mA。通常,串联一个限流电阻来限制流过二极管的电流。

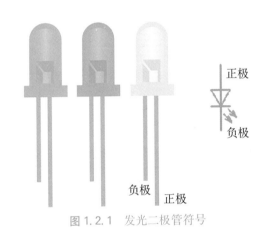

图 1.2.1　发光二极管符号

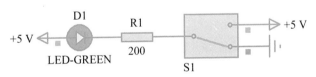

图 1.2.2　发光二极管电路

动手做 1　硬件电路设计、列元件清单

利用单片机 P1 口控制 8 只发光二极管,根据发光二极管工作原理,在 Proteus 软件上设计控制电路,如图 1.2.3 所示。当 P1.x 为低电平(0)时,发光二极管亮。根据电路图整理元件清单,填表 1.2.1。

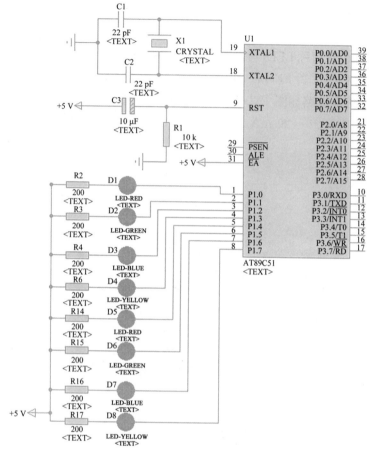

图 1.2.3　单片机控制发光二极管电路图

表 1.2.1　单片机控制发光二极管元件清单

元件名称	参数	数量	元件名称	参数	数量

小知识 为什么通常采用单片机输出低电平让发光二极管亮？如何设计使单片机输出高电平让发光二极管亮？

因为单片机 I/O 吸收电流的能力比提供电流的能力强。因此，当单片机 I/O 输出电压为 5 V 时，可以对外输出约 20 μA 电流；当输出电压为 0 时，可以吸收十几毫安电流。为了让单片机可以直接驱动发光二极管用低电平状态驱动，如让单片机输出高电平让发光二极管亮，通常加驱动芯片如 74LS245，增加端口输出电流，提高负载能力。

根据图 1.2.3 填写表 1.2.2，控制发光二极管亮灭。二进制、十进制、十六进制对应关系表见表 1.2.3。

表 1.2.2　发光二极管控制状态表

单片机接口	P1.7	P1.6	P1.5	P1.4	P1.3	P1.2	P1.1	P1.0
LED 灯状态	灭	灭	灭	灭	灭	灭	灭	亮
P1 逻辑状态	1	1	1	1	1	1	1	0
十六进制码	F				E			

单片机接口	P1.7	P1.6	P1.5	P1.4	P1.3	P1.2	P1.1	P1.0
LED 灯状态	灭	灭	灭	灭	亮	亮	亮	亮
P1 逻辑状态								
十六进制码								

单片机接口	P1.7	P1.6	P1.5	P1.4	P1.3	P1.2	P1.1	P1.0
LED 灯状态	灭	亮	灭	亮	灭	亮	灭	亮
P1 逻辑状态								
十六进制码								

单片机接口	P1.7	P1.6	P1.5	P1.4	P1.3	P1.2	P1.1	P1.0
LED 灯状态								
P1 逻辑状态								
十六进制码								

表 1.2.3　几种进制的对应关系

十进制	二进制	十六进制	十进制	二进制	十六进制
0	0000	0	8	1000	8
1	0001	1	9	1001	9
2	0010	2	10	1010	A
3	0011	3	11	1011	B
4	0100	4	12	1100	C
5	0101	5	13	1101	D
6	0110	6	14	1110	E
7	0111	7	15	1111	F

动手做 2　　编写第一个 C 语言程序

编写 C 语言程序,让 P1 口低 4 位灯不亮,高 4 位灯亮。程序如下:

```
#include<reg51.h>   //头文件定义了
void main()   //主函数
{
        P1=0x0F;
}
```

#include 为文件包含预处理指令。#include<reg51.h>把 reg51.h 头文件包含进去。然后,定义单片机的专用寄存器如 P1 等。包含文件可以用<reg51.h>,也可以用"reg51.h"。预处理命令通常放在源程序的最前面。

//是单行的注释,/*……*/是从/*开始到*/结束,中间部份作注释。C语言的注释是说明对应语句的意义或者对重要的代码行、段进行提示,方便程序的编写、调试和维护,可提高程序可读性,注释部分程序编辑无效。

main()是主函数,是 C 语言必不可少的主函数,也是程序执行的开始函数,函数体用"{　}"标示,C 语言区分大小写。

P1=0x0F;是赋值语句,把 0x0F 通过"="把值赋给 P1 口,每个语句结束必须用一个分号";"隔开。

跟我学 2　　C51 基本结构

　　C 语言程序以函数形式组织程序结构,结构如图 1.2.4 所示。一个 C 语言源程序是由一个或若干个函数组成,每个 C 程序都必须有(且只有)一个主函数 main()。程序的执行总是从主函数开始,调用其他函数后返回主函数 main(),不管函数的排列顺序如何,最后在主函数中结束整个程序。普通函数指 main 函数之外的函数,普通函数从用户使用的角度,可以分为标准函数(即库函数)和用户自定义函数,也称子函数。函数从定义的形式上,可分为无参数函数、有参数函数和空函数。C 语言中,函数应遵循先定义、后调用的原则,如包含很多函数,通常应在主函数之前集中声。例如:

　　　　void delayms(uint j);
　　　　unsigned char readbyte(void);
　　　　void writebyte(unsigned char);

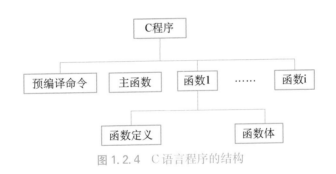

图 1.2.4　C 语言程序的结构

函数定义的 ANSI　C 标准形式:

　　类型标识符　　　函数名(数据类型名　形式参数)
　　　{
　　　　函数体
　　　}

　　类型标识符是指该函数返回值的数据类型,默认返回值类型为 int 型,如没返回值应该定义为 void 型。形式参数是可选的,用来传递给该函数信息。例如,求最大值函数如下:

```
int max(int a, int b)
{
    int temp;
    temp=a>b?a:b;
    return temp;
}
```

1. 无参数函数

```
类型标识符    函数名()
        {
            函数体
        }
```

例如：

```
void   delay(  )
{
    unsigned char k;        //定义变量 k
    for(k=0;k<200;k++);  //for 循环语句
}
```

2. 有参数函数

```
类型标识符   函数名(数据类型名   形式参数 1,数据类型名   形式参数
2,……)
        {  函数体  }
```

例如：

```
void   delay(unsigned char i)
{
    unsigned char k;          //定义变量 k
    for(k=0;k<i;k++);   //for 循环语句
}
```

3. 空函数

类型标识符　函数名( )

{ }

在实际设计中,开发的初级阶段程序的功能通常不是十分完善,这时就经常会使用空函数首先搭出程序的框架,再在后续的工作中逐渐扩充。但在最后定型的程序中,一般是没有空函数的。

小知识　*函数说明*

(1) 在同一工程中,函数名必须唯一。

(2) 不能在一个函数中再定义函数。

(3) 在定义函数时应指明函数返回值的类型,如果没有函数返回值,应将设为 void,若省略了函数返回值的类型,则默认为 int 型。

(4) 函数的返回值是通过函数中的 return 语句获得的。

(5) 函数名后面的( )不可省略。

(6) 函数的定义放在 main( )后,要在 main( )函数之前对其原型声明。

动手做3　编译源程序

1. 启动 Keil 软件

双击桌面快捷图标打开集成开发环境,如图 1.2.5 所示。

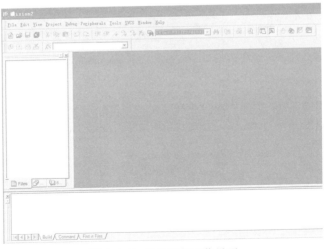

图 1.2.5　Keil 软件工作界面

2. 新建工程项目

首先建一个文件夹（如 First）用于存放工程文件。单击工具栏"Project"下的"New Project"命令，如图 1.2.6 所示，建新的工程文件。

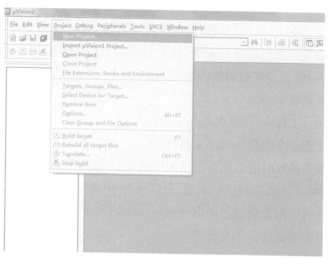

图 1.2.6　新建工程项目

系统弹出图 1.2.7 所示对话框，在文件栏输入工程文件名字"Light"，并选

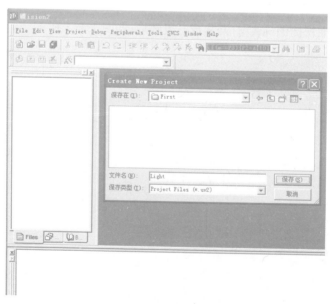

图 1.2.7　工程路径及文件名设置

择新建文件夹(First)作为存放路径,后点击【保存】按钮弹出选择芯片型号对话框,如图 1.2.8 所示。首先选择 Atmel 公司,然后单击左边的"＋"号选择具体的单片机型号 AT89C51,如图 1.2.9 所示,单击【确定】按钮。

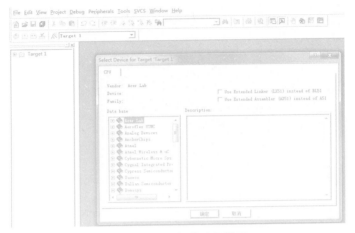

图 1.2.8 选择单片机类型

图 1.2.9 选择单片机型号

3. 设置工程环境

选中工程管理窗口中的"Target 1"并单击鼠标右键,弹出快捷菜单中的"Options for Target 'Target1'"命令,如图 1.2.10 所示。选中"Output"选项卡,勾选"Create HEX File"复选框,设置如图 1.2.11 所示。

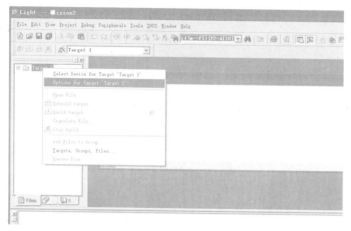

图 1.2.10　选择"Options for Target 'Target1'"命令

图 1.2.11　Output 选项卡设置

4. 建源程序文件

单击工具栏"File"→"New"命令,如图 1.2.12 所示,出现新文件窗口图,如 1.2.13 所示,文件默认"Text1"。用户可以修改文件,选择"File"→"Save As"命令,弹出对话框,如 1.2.14 所示,在"文件名"对话框输入"Led. c",然后点击【保存】。.c 为 C 语言源文件后缀,.asm 为汇编语言源文件后缀。

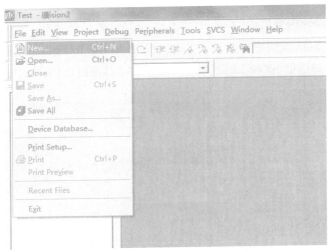

图 1.2.12 新建源程序文件按钮

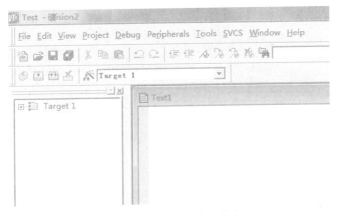

图 1.2.13 新建源程序文件窗口

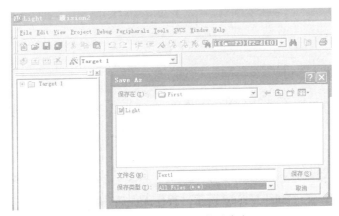

图 1.2.14 源程序文件重命名

点开工程管理窗口中"Target 1"前的"＋"号,然后选择"Source Group1",点击右键,弹出对话框如图 1.2.15 所示,选择"Add file to Source Group1"弹出图1.2.16 所示对话框,选择 LED.c 文件,点击【Add】按钮,完成文件添加。

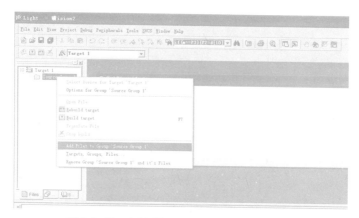

图 1.2.15　Add file to Source Group1 对话框

图 1.2.16　加文件对话框

　　在源文件里输入第一个源程序代码,如图 1.2.17 所示,程序编写完毕后保存文件。

　　5. 编译

　　源程序代码输入后,单击"Project/Build Target"或直接点击 Build Target 按钮,程序编译文件如图 1.2.18 所示。程序无误后,输出目标文件 *.Hex。

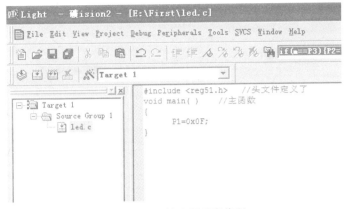

图 1.2.17　输入源程序代码

图 1.2.18　程序编译图

编译成功后,输出窗口信息含义如下:

① 编译目标"Target 1";　　② 编译源文件 led. c;

③ 链接;　　　　　　　　④ 编译后程序大小;

⑤ 生产 Hex 文件;　　　　⑥ 程序 0 个错误,0 个警告。

当源程序有语法错误则编译不会成功,在输出窗口信息会出现错误或警告的行号、错误代码、错误原因等。在源程序中修改错误再次编译,直至编译成功输出 Hex 文件为止。

动手做 4　　Proteus 仿真

打开单片机控制发光二极管电路,双击"AT89C51 单片机"打开如图 1.2.19 所示对话框,点击 [图标] 打开 Program File,选择 Keil C 生成的 Hex 文件,然后点击【OK】。

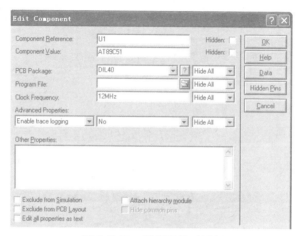

图 1.2.19 编辑元件对话框

点击 Proteus 运行按钮 ▶ 即可看到发光二极管仿真结果,如图 1.2.20 所示。点击停止按钮 ■ 即可停止仿真。

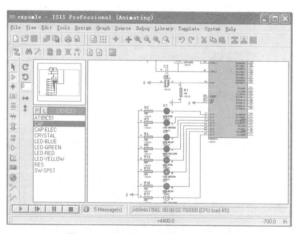

图 1.2.20 发光二极管仿真结果

想 一 想

如何将两位数转换成二进制?用 8 个发光二极管显示。

项目二

单片机并行 I/O 口应用

本项目以单片机控制发光二极管闪烁、继电器控制强电以及报警器为例,介绍单片机的并行 I/O 口的应用,学习 C 语言的数据类型、运算符和表达式以及循环控制语句。利用 Keil C 开发环境与 Proteus 完成程序编辑和仿真,理解 C51 基本语法及相关理论知识。

知识点

(1) 单片机并行 I/O 口的应用。

(2) C51 数据类型、运算符和表达式。

(3) C51 循环语句。

(4) 函数调用。

任务1　发光二极管闪烁

任务要求　单片机 I/O 口连接8个发光二极管,实现发光二极管逐一点亮;利用 Keil C 开发环境与 Proteus,完成程序编辑和仿真。

跟我学1　C51 语言基础

1. C51 标识符与关键字

(1) 标识符　用来表示源程序中的某个对象的名字,这些对象包括常量、变量、数据类型、语句标号以及用户自定义函数的名称。标识符合法的标识符由字母、数字、下划线组成,且开头只能是字母或下划线,不能与关键字同名,尽量见名知义。

(2)关键字 编程语言保留的特殊字符,具有固定名称和特殊含义。编写程序时,不允许标识符与关键字相同。ANSI 标准 C 的关键字见表 2.1.1;C51语言扩展关键字见表 2.1.2。

表 2.1.1 ANSI 标准 C 的关键字

auto	break	case	char	const	continue	default	do
double	else	enum	extern	float	for	goto	if
int	long	register	return	short	signed	sizeof	static
struct	switch	typedef	unsigned	union	void	volatile	while

表 2.1.2 C51 语言扩展关键字

_at_	alien	bdata	bit	code
data	idata	interrupt	large	pdata
reentrant	sbit	sfr	sfr16	small
using	xdata	compact	_priority_	_task_

2. C51 数据类型

数据是计算机操作的对象,任何程序设计都要处理数据。具有一定格式的数字或数值称为数据(数字是用来记数的符号;数值是一个量,用数目表示出来的多少);数据的不同格式称为数据类型。数据类型决定数据占内存字节数、数据取值范围和可进行的操作。

C 语言数据分为基本类型、构造类型、指针类型、空类型等类型,如图 2.1.1所示。C 语言的数据类型与编译器有关。在 C51 编译器中,整型与短整型相同,单精度浮点与双精度浮点相同。表 2.1.3 列出了 C51 编译器支持的各数据类型、长度和值域。

(1)字符型 char 字符类型的数据占一个字节(8 位),用于定义处理字符数据的变量和常量,分为无符号字符类型 unsigned char 和有符字符类型 signed char 两种。如果没有指明是无符号还是有符号,则默认为有符字符型变量。

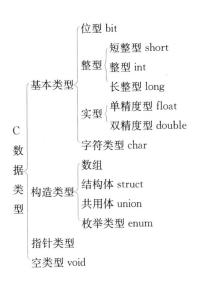

图 2.1.1　C 语言数据类型分类

表 2.1.3　各数据类型、长度和值域

数据类型	长度/bit	长度/Byte	值 域 范 围
bit	1	—	0,1
sbit	1	—	0,1
sfr	8	1	0～255
sfr 16	16	2	0～65 535
unsigned char	8	1	0～255
signed char	8	1	—128～127
unsigned int	16	2	0～65 535
signed int	16	2	—32 768～32 767
unsigned long	32	4	0～4 294 976 295
signed long	32	4	—2 147 483 648～2 147 483 647
float	32	4	±1.76E—38～±3.40E+38(6 位数字)
double	64	8	±1.76E—38～±3.40E+308(10 位数字)
一般指针	24	3	存储空间 0～65 535

有符号的变量最高位 1 代表负,0 代表正。无符号字符类型 unsigned char 表达的数值范围是 0～255,有符号字符类型 signed char 表达的数值范围是 −128～127。

(2) 整型 int　int 整型数据长度占 2 个字节(16 位),用于存放一个双字节数据。分为无符号整型 unsigned int 和有符号整型 signed int,默认为有符号整型 signed int。无符号整型类型 unsigned int 表达的数值范围是 0～65 535,有符号整型类型 signed int 表达的数值范围是 −32 768～32 767,字节中最高位表示数据的符号,0 表示正数,1 表示负数。

(3) 长整型 long　long 长整型长度为 4 个字节(32 位),用于存放一个 4 字节数据。分为有符号长整型 signed long 和无符号长整型 unsigned long,默认值为 signed long 类型。signed int 表示的数值范围是 −2 147 483 648～ +2 147 483 647,字节中最高位表示数据的符号,0 表示正数,1 表示负数。unsigned long 表示的数值范围是 0～4 294 967 295。

(4) 浮点型 float　浮点型的数据长度占 4 字节(32 位),用符号位表示数的符号,用阶码和尾数表示数的大小,通过改变指数使小数点的位置灵活地表达更大数值范围。复杂数学表达式都采用浮点数据型。C51 浮点数据类型符合 IEEE − 754 标准的单精度浮点型数据

(5) 指针型 ∗　指针型数据本身就是一个变量,在这个变量中存放指向另一个数据的地址。这个指针变量要占据一定的内存单元,长度也不尽相同,在 C51 中它的长度一般为 1～3 个字节。

(6) 位类型 bit　位类型是 C51 编译器的一种扩充数据类型,利用它可定义一个位变量,但不能定义位指针,也不能定义位数组。它的值是一个二进制位,不是 0 就是 1,类似一些高级语言中的 boolean 类型中的 True 和 False。

(7) 可寻址位 sbit　可寻址位 sbit 是 C51 编译器的一种扩充数据类型,利用它能访问芯片内部的 RAM 中的可寻址位或特殊功能寄存器中的可寻址位。

(8) 特殊功能寄存器 sfr　sfr 是 C51 编译器一种扩充数据类型,占用一个内存单元,值域为 0～255。利用它能访问 51 单片机内部的 8 位特殊功能寄存器。例如,用 sfr P1＝0x90 定义为 P1 端口在片内的寄存器。

(9) 16 位特殊功能寄存器 sfr16　sfr16 占用两个内存单元,值域为 0～65 535。sfr16 和 sfr 一样用于操作特殊功能寄存器,不一样的是,它用于操作占两个字节的寄存器,如定时器 T0 和 T1。

3. C51 的运算量

单片机程序中处理的数据有常量和变量两种形式,常量的值在程序执行期

间不能变化,而变量的值在程序执行期间可以变化。

(1)常量　程序运行期间,固定、不能被改变的量即常量,常量的数据类型有整型、浮点型、字符型、字符串型和位类型。

常量可以是数值常量,也可以是符号常量。数值常量,如 10、10.5、'A'等,可以直接使用;符号常量在程序中用标识符来代表常量,使用前必须用♯define 先定义,例如:

♯define PI 3.14.

整型常量可以表示为十进制、十六进制和八进制等。十进制整型常量,如 134、5、－5、0 等;十六进制整型常量以 0x 或 0X 开头,如 0x3a;八进制整型常量以 o 或 O 开头,如 o33。若表示长整型就在后面加 L,如 104L。

字符型常量是用英文加单引号括起来的单一字符,如'a'、'$'、'1'、'A'等都是字符常量,字符型常量区分大小写。常用转义字符见表 2.1.4。

表 2.1.4　转义字符

字符	ASCII 码	含义	字符	ASCII 码	含义
\0	0	空操作	\a	7	报警
\f	12	换页	\\	92	反斜杠
\t	9	横向跳格	\'	39	单引号
\b	8	退格	\"	34	双引号
\r	13	回车	\ddd		八进制数
\n	10	换行	\xhh		十六进制数

(2)变量　程序运行过程中,其值可以改变的量称为变量,存储方式可以分为静态存储和动态存储两大类型。静态存储变量通常在定义时就分配存储单元并且一直保持不变,直到程序结束;动态存储变量,在程序执行过程中使用时才分配存储单元,使用完毕立即释放。变量要"先定义、后使用"。变量定义的完整格式如下:

[存储种类]数据类型[存储器类型]变量名表;

数据类型和变量名是必要的,存储种类和存储器类型是可选的。存储种类描述变量在程序执行过程中的作用范围,存储器类型描述指变量存储区。

(3) 变量的存储种类　存储种类分为自动变量、外部变量、静态变量和寄存器变量。

① 自动变量:在变量名前加"auto"或省略存储种类即定义为自动变量,自动变量的作用域在定义它的函数体或复合语句内部。自动变量属于动态存储方式,只有定义该变量的函数被调用时才给其分配存储单元,调用结束释放存储单元,因此不同函数允许使用同名变量。例如,延时函数中 j、k 属于自动变量:

```
void    delay(unsigned char i)
{
    unsigned char j,k;    //j,k 自动变量
    for(k=0;k<i;k++)
  for(j=0;j<255;j++);
}
```

② 外部变量:extern 定义的变量称为外部变量,在函数外部定义的变量都是外部变量,但在函数内部定义外部变量必须加"extern"。外部变量被分配了固定的内存空间,可以被一个程序中的所有函数使用。例如,以下程序中 i 属于外部变量:

```
#include<REG51. H>
unsigned char i;        //外部变量
void int_0()interrupt 0
{
  i++;
}
void main()    //主函数
{
    EA=1;
    EX0=1;
    IT0=1;
    i=0;
    while(1){P1=i;}
}
```

③ 静态变量:在类型定义语句之前加关键字"static",属于静态存储方式。内部静态变量作用域同样限于定义内部静态变量的函数内部,但内部静态变量始终都是存在的,其初值只是在进入时赋值一次,退出函数之后变量的值仍然保存但不能访问。外部静态变量是在函数外部被定义的,与外部变量相比,其作用域同样是从定义点开始,一直到程序结束,但外部静态变量只能在被定义的模块文件中访问,不能被其他模块文件访问。

通过如下点亮发光二极管程序,理解静态变量与局部变量区别:

```
#include<reg51.h>
void delay(unsigned char i);
void main()
{
    while(1)
  {
        static unsigned char value=0x00;
        P1=value;
      delay(200);
        value++;
    }
}
void   delay(unsigned char i)
{
    unsigned char j,k;
    for(k=0;k<i;k++)
   for(j=0;j<255;j++);
}
```

④ 寄存器变量:定义一个变量时,在变量名前加上存储种类符号"register"即可将该变量定义为寄存器变量,例如 register unsigned char ch1,ch2;使用寄存器变量的目的在于使一些使用频率最高的变量能够直接使用硬件寄存器,其作用域与自动变量相同。将变量定义为寄存器变量只是给编译器一个建议,该变量能否真正成为寄存器变量,还由编译器根据实际情况决定;另一方面,编译器可以自行识别使用频率最高的变量,在可能的情况下,即使程序中并未将变量

定义为寄存器变量,编译器也会自动将其作为寄存器变量处理。

（4）变量的存储器类型　将 51 单片机的程序存储器和数据存储器分开。编译器将数据定义成 data、bdata、idata、pdata、xdata 和 code 等不同的存储类型,将其分配到不同存储区域。data、bdata 和 idata 型变量存在内部数据存储区;pdata 和 xdata 型变量存在外部数据存储区;code 型变量固化在程序存储区,一般在程序执行过程中不用改变的数据信息定义成 code 型,如 unsigned char code sum。51 单片机存储类型与物理存储空间的对应关系见表 2.1.5。

表 2.1.5　51 单片机存储类型与物理存储空间的对应关系

存储类型	与物理存储空间的对应关系
data	片内数据存储区的低 128 字节
bdata	可位寻址片内 RAM0x20～0x2F 空间(16 字节)
idata	间接寻址片内数据存储区(256 字节),可访问片内全部 RAM
pdata	片外数据存储区的开头 256 字节
xdata	外部扩展数据存储区,通过 DPTR 访问
code	程序存储区,通过 DPTR 访问

（5）变量常用类型定义　具体如下:

① 字符型变量:

```
unsigned char a;

unsigned char a,b;

unsigned char   a=5,b=7;
```

字符型变量应用点亮 P1.0 口发光二极管程序如下:

```
#include<reg51.h>
void main()
{
    unsigned char value=0xfe;
    P1=value;
}
```

② 整型变量：

> unsigned int a;
> unsigned int a, b;
> unsigned int　a＝568, b＝789;

③ 位变量（bit）：

> bit flag1;
> bit send_en＝1;

④ 可寻址位（sbit）：

> sbit key0＝P3＾0;
> sbit D0＝P1＾0;

可寻址位应用点亮 P1.0 口发光二极管程序如下：

```
#include"reg51.h"
sbit D0＝P1＾0;         //定义 P3.0 引脚位
void main()
    {
          D0＝0;
    }
```

4. C51 运算符和表达式

C 语言提供了丰富的运算符，可构成丰富的表达式，运算符可以分为 12 类，见表 2.1.6。

表 2.1.6　C 语言运算符

运算符名称	运　算　符
算术运算符	＋　－　＊　／　％　＋＋　－－
关系运算符	＞　＜　＝＝　＞＝　＜＝　！＝
逻辑运算符	！　＆＆　‖

运算符名称	运　算　符
位运算符	<< >> ~ & | ^
赋值运算符	=
条件运算符	?:
逗号运算符	,
指针运算符	* &
字节数运算符	sizeof
强制类型转换运算符	(类型)
下标运算符	[]
函数调用运算符	()

（1）赋值运算符和赋值表达式　赋值运算符＝,功能是将数据赋给变量。用赋值运算符将一个变量与一个表达式连接起来的式子为赋值表达式。其一般形式为

变量＝表达式;如 i=10;

如果赋值号两侧的类型不一致,系统会自动将右侧表达式求得的数据按赋值号左边的变量类型进行转换。

复合赋值运算符就是在＝之前加上其他运算符,C语言规定可以使用以下10种复合赋值表达式:＋＝、－＝、＊＝、/＝、%＝、<<＝、>>＝、&＝、|＝、^＝。复合赋值表达式的一般形式为

变量　复合赋值运算符　表达式

例如,a＋＝5;//等价于 a＝a＋5;

（2）算术运算符和算术表达式　C51中基本的算术运算符如下:

① ＋:加法运算,求和功能,如5＋2为7。

② －:减法运算,求差功能,如5－2为3。

③ ＊:乘法运算,求积功能,如5＊2为10。

④ /:除法运算,求商功能,如5/2为2。

⑤ %:求余运算,或称模运算,如5%2为1。

⑥ ＋＋:自增运算符,变量自加1。

⑦――:自减运算符,变量自减1;

- 后置运算:i＋＋(i――)先使用 i 值再执行加1(减1),如

    unsigned char i＝10,j;
    j＝i＋＋;   //j＝10;i＝11;

- 前置运算:＋＋i(――i)先执行加1(减1)再使用 i 值,如

    unsigned char i＝10,j;
    j＝＋＋i;   //j＝11;i＝11;

算术运算符的一般形式为

　　表达式1　算术运算符　表达式2

(3) 关系运算符与关系表达式　关系运算符包括＜(小于)、＜＝(小于等于)、＞(大于)、＞＝(大于等于)、＝＝(等于)、!＝(不等于)。关系运算实际上就是比较运算,将两个表达式比较,以判断是否和给定的条件相符。关系表达式的结果只有两种:1(true)或0(false)。

关系表达式一般形式为

　　表达式1　关系运算符　表达式2

例如,c＝＝5

(4) 逻辑运算符与逻辑表达式　逻辑运算符有与(&&)或(||)非(!)3种。逻辑表达式是用逻辑运算符将一个或多个表达式连接起来,进行逻辑运算的式子;逻辑表达式的值与关系表达式相同,只有1(真)和0(假)两种情况。逻辑表达式的一般表达式为

- 逻辑非:!条件式
- 逻辑与:条件式1&&条件式2
- 逻辑或:条件式1||条件式2

①!:逻辑非,当运算量的值为真时,运算结果为假。

②&&:逻辑与,当两个运算量的值都为真时,运算结果为真,否则为假;若第一个表达式的值为假,则不再求解第二个表达式,因为使用"&&"连接的两个表达式都为真时,整个逻辑表达式的值才为真,所以若第一个表达式的值为假就

没有必要再求解第二个表达式。

③ ||：逻辑或，当两个运算量的值都为假时，运算结果为假，否则为真；若第一个表达式的值为真，则不再求解第二个表达式，因为使用"||"连接的两个表达式都为假时，整个逻辑表达式的值才为假，所以若第一个表达式的值为真就没有必要再求解第二个表达式。

逻辑运算执行结果见表 2.1.7。

表 2.1.7　逻辑运算执行结果

表达式 1	表达式 2	逻辑 运 算		
a	b	! a	a&&b	a||b
1	1	0	1	1
1	0	0	0	1
0	1	1	0	1
0	0	1	0	0

（5）位运算符与位运算表达式　实际应用中经常对 I/O 口操作，需要位一级运算和处理，因此 C51 语言提供强大的位运算功能。位运算符是按二进制位对变量进行运算。

① &：按位与操作，格式：x&y；规则是对应位均为 1 时才为 1，否则为 0；主要用途是取（或保留）1 个数的某（些）位，其余各位置 0，如 P1＝P1&0x0f；

② |：按位或操作，格式：x|y；规则是对应位均为 0 时才为 0，否则为 1；主要用途是将 1 个数的某（些）位置 1，其余各位不变，如 P1＝P1|0x0f；

③ ^：按位异或操作；格式：x^y；规则是对应位相同时为 0，不同时为 1；主要用途是使 1 个数的某（些）位翻转（即原来为 1 的位变为 0，为 0 的变为 1），其余各位不变，如 P1＝P1^0x0f；

④ ~：按位取反操作，格式：~x；规则是各位翻转，即原来为 1 的位变成 0，原来为 0 的位变成 1；主要用途是间接地构造一个数，以增强程序的可移植性。如 P1＝~P1 可以实现灯闪烁；

⑤ <<：左移运算符的功能，格式：操作数<<常数；是把<<左边的操作数的各二进制位全部左移若干位，移动的位数由<<右边的常数指定，高位丢弃，低位补 0。例如，a<<4 是指把 a 的各二进制位向左移动 4 位。如 a＝00000011B（十进制数 3），左移 4 位后为 00110000B（十进制数 48）。

⑥ ＞＞：右移运算符的功能，格式：操作数＞＞常数；是把＞＞左边的操作数的各二进制位全部右移若干位，移动的位数由＞＞右边的常数指定。右移运算时，如果是无符号数，则总是在其左端补"0"

（6）逗号运算符与逗号表达式 ，也是一种运算符，逗号运算符把两个或多个表达式连接起来，形成逗号表达式。逗号表达式的一般形式为

> 表达式 1，表达式 2，……表达式 n

逗号表达式的求解过程是从左到右依次计算出每个表达式的值，整个逗号表达式的值等于最右边的表达式（表达式 n）的值。如 x＝（y＝5，y+5）结果是 x＝10。

并非程序中任何地方出现的逗号都是逗号运算符。例如，在变量定义或函数参数表中，逗号就不是逗号运算符，而是用作各变量之间的间隔符，如 unsigned char i,j；

（7）条件运算符与条件表达式 ?： 条件运算符是唯一的一个三目运算符，条件表达式的一般形式为

> 逻辑表达式?表达式 1:表达式 2

条件表达式的求解过程是首先计算逻辑表达式的值，如果为 1（true），则整个表达式值为表达式 1 的值，否则为表达式 2 的值。例如：

> y＝x＞10?5:6
>
> 如 x＝20，则 y＝5；
>
> 如 x＝8，则 y＝6；

动手做 1 编写程序

单片机 P0、P1、P2、P3 的 32 个 I/O 口都可以控制发光二极管，这里利用图 1.2.3 单片机控制 8 只发光二极管。程序如下：

方法一：

```
#include〈reg51.h〉        //头文件定义了
void delay(unsigned char i);    //延时函数声明
void main()    //主函数
    {
```

```
        P1＝0x0fe;
        delay(200);

        P1＝0x0fc;
        delay(200);

        P1＝0x0f8;
        delay(200);

        P1＝0x0f0;
        delay(200);

        P1＝0x0e0;
        delay(200);

        P1＝0x0c0;
        delay(200);

        P1＝0x080;
        delay(200);

        P1＝0x000;
        delay(200);

}
void    delay(unsigned char i)
{
    unsigned char j,k;   //定义变量j和k
    for(k=0;k＜i;k++)   //for循环语句
    for(j=0;j＜255;j++);
}
```

方法二：

```
#include<reg51.h>     //头文件定义了
void delay(unsigned char i);      //延时函数声明
void main()    //主函数
{
        unsigned char n;
        for(n=0;n<8;n++)
        {
        static unsigned char value=0xff;
        value=value<<1;
        P1=value;
        delay(200);

        }
}
void    delay(unsigned char i)
{
    unsigned char j,k;   //定义变量j和k
    for(k=0;k<i;k++)   //for循环语句
    for(j=0;j<255;j++);
}
```

小知识：函数调用

如果函数定义在调用之后，那么必须在调用之前（一般在程序头部）对函数声明。如果程序使用了库函数，则要在程序的开头用 #include 预处理命令，将调用函数所需的信息包含在本文件中。如果不是在本文件中定义的函数，那么在程序开始要用 extern 修饰符进行函数原型说明。

函数调用的一般格式为

函数名(实际参数列表);

如果被调用函数是无参数函数，则实际参数列表为空，但函数名后面的圆括号不能省略。如果实际参数列表包括多个实际参数，则各参数之间用逗号隔开，实际参数与形式参数的个数应该相等,类型应该一致,实际参数与形式参数按顺序对应,一一传递数据。

按照函数调用在主调用函数中出现的位置,函数调用可以有如下 3 种形式。

(1)函数语句　把函数调用作为一个语句。不要求被调函数返回函数值,只是完成一定的操作,如 delay(200);

(2)函数表达式　函数出现在一个表达式中,这种表达式称为函数表达式,这时要求函数带回一个确定的值来参与运算,如 m=max(a,b);

(3)函数参数　在主调函数中将函数调用作为另一个函数调用的实际参数。这种在一个函数的过程中又调用了另外一个函数的方式,称为嵌套函数调用。如 m=max(a,max(b,c));

动手做 2　Proteus 仿真

从 Proteus 中选取元件 AT89C51、CAP、CAP-ELEC、CRYSTAL、RES、LED-YELLOW、LED-GREEN、LED-RED,放置元件、电源和地,设置参数,连线,将目标代码文件加载到 AT89C51 单片机中,发光二极管被点亮,仿真如图 2.1.2 所示。

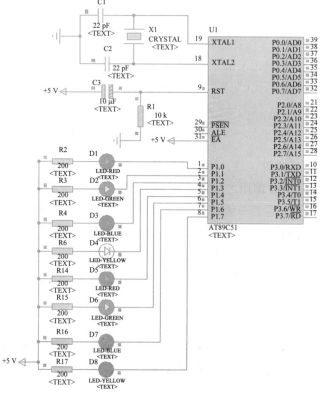

图 2.1.2　发光二极管依次点亮仿真图

想一想

如何将 8 个发光二极管依次两两点亮？

任务 2　继电器控制大功率设备

任务要求　单片机 I/O 通过继电器控制强电，220V 白炽灯一会亮一会灭。

跟我学 1　单片机如何控制继电器工作

　　单片机是个弱电器件，要控制高电压大功率用电器如白炽灯、电动机等，要有一个中间环节即功率驱动。继电器驱动是一个典型的、简单的功率驱动环节，首先单片机通过元件驱动继电器，然后继电器再驱动白炽灯、电动机等。继电器线圈工作需要较大电流（约 50 mA）才能使继电器吸合。单片机引脚无法提供这么大电流，需通过三极管驱动继电器，如图 2.2.1 所示。当基极为高电平时，三极管截止继电器无电流通过，继电器释放；当基极为低电平时，三极管导通继电器有相当大的电流通过，继电器吸合。

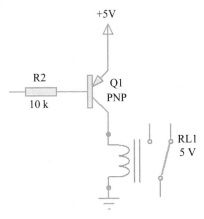

图 2.2.1　PNP 三极管驱动继电器电路

动手做 1　　硬件电路设计

根据要求设计如图2.2.2所示的电路图,并填写表2.2.1继电器控制电路元件清单。

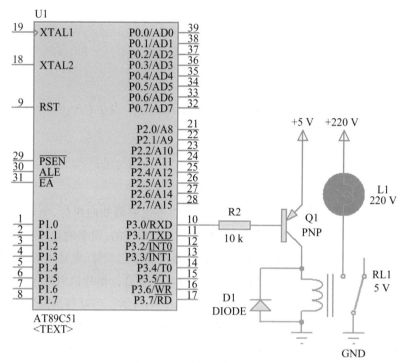

图 2.2.2　继电器控制电路图

表 2.2.1　继电器控制电路元件清单

元件名称	参数	数量	元件名称	参数	数量

跟我学 2　　循环语句

在 C 语言中,用 for 语句、while 语句和 do-while 语句实现循环结构。

1. for 语句

在 delay() 语句中,用 for 语句实现循环。当明确循环次数时,一般使用 for 语句。for 语句格式如下:

```
for(表达式 1;表达式 2;表达式 3)
    {
        语句;//循环体
    }
```

其中,表达式 1 为循环变量初始化表达式;表达式 2 为循环条件表达式;表达式 3 为循环变量更新表达式。

for 语句的几点说明:

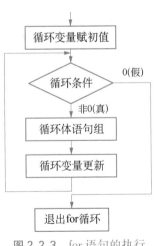

图 2.2.3　for 语句的执行
流程图

（1）for 语句中的表达式可以省略,但分号不可省略。

（2）for 语句中的循环条件表达式可以省略。此时一般要在循环体中,判断循环条件并提供退出循环的措施,否则会导致死循环。

（3）for(;表达式 2;)等价于 while 语句。

for 语句的执行流程图如图 2.2.3 所示:

（1）执行第一个表达式循环变量赋初值。

（2）利用第二个表达式判断循环条件是否为真。若其值为真（非 0）,则执行循环体一次再执行第三个表达式更新条件;若为假,则结束循环。

（3）执行第三个表达式,修改循环变量执行(2)。

用 for 语句实现 1+2+3……100,程序如下:

```
unsigned int i, sum;
for(i=1;i<=100;i++)   //for 循环语句
    {
```

```
                sum＝sum＋i；
            }
```

在 Keil C 开发环境下，系统默认的输入输出口为串行口，通过设置串行口可以显示 printf 结果，增加如下语句：

```
    SCON＝0x52；    //设置串口
    TMOD＝0x20；   //设置定时器
    TH1＝0XE8；    //设置波特率
    TR1＝1；        //启动定时器
```

用 for 语句实现 1＋2＋3……100，完整如下程序：

```
    #include〈reg51. h〉
    #include〈stdio. h〉
    void main( )
    {
     unsigned int i, sum；
      SCON＝0x52；
      TMOD＝0x20；
      TH1＝0XE8；
      TR1＝1；
      for(i＝1；i＜＝100；i＋＋)   //for 循环语句
          {
                sum＝sum＋i；
      printf("sum＝%d\n", sum)；
      while(1)；
      }
```

编译原程序进入调试状态，点击"Debug"→"Star/Stop Debug Session"菜单，如图 2.2.4 所示；然后，点击"View"→"Serial Window♯1"菜单，如图 2.2.5 所示，打开串口输出窗；最后，点击"Debug"→"Go"菜单，如图 2.2.6 所示，串口

调试窗口出现输出字符,如图 2.2.7 所示。

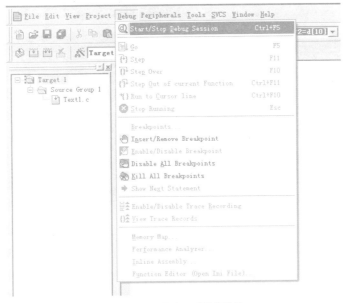

图 2.2.4 Debug 调试菜单

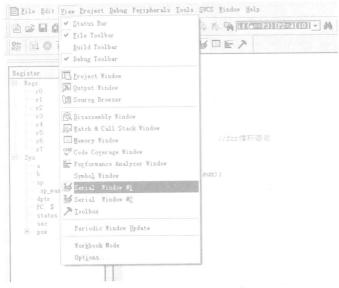

图 2.2.5 Serial Window 菜单

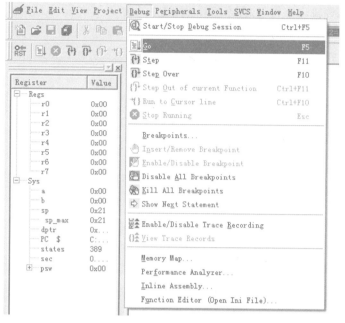

图 2.2.6　运行 GO 菜单

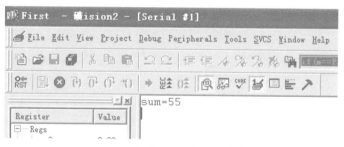

图 2.2.7　Serial Window 菜单

2. while 语句

while 语句的一般形式如下：

while(表达式)
〈循环体〉

　　while 语句必须提供圆括号的表达来表达循环条件，表达式可以是变量、常量、函数、算数运算符、比较运算符和逻辑运算符。while 语句事先测试循环，在执行语句之前判断表达式，因此循环可能没有执行循环体就退出。执行过程是,首先判断表达式,当表达式的值为真(非 0)时,反复执行循环体;为假(0)时,执行循环体外面的语句。while(1)表达式为常量 1,为真循环条件永远成立,则死循环。while 语句执行流程如图 2.2.8 所示。

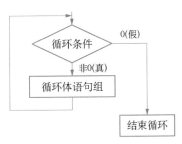

图 2.2.8　while 语句执行流程图

除特殊情况外,while 语句循环体内包含修改循环条件的语句,循环逐渐结束,避免死循环,可以用 for 语句实现。例如,用 while 语句实现 1+2+3……100,程序如下:

```
unsigned int i, sum;
i=1;
while(i<=100)    //while 循环语句
    {
        sum=sum+i;
        i++;
    }
```

3. do-while 语句

for 语句和 while 语句都是先测试循环条件后执行循环体,而 do-while 语句先执行一次循环体再判定条件。格式如下:

```
do
    {
        循环体;
    }while(循环条件);
```

do-while 语句执行过程是先无条件执行一次循环体,然后判断条件表达式,当表达式的值为真(非 0)时,返回执行循环体直到条件表达式为假(0)为止。do-while 语句执行流程,如图 2.2.9 所示。

图 2.2.9　while 语句执行流程图

用 do-while 语句实现 1+2+3……100,程序如下:

```
unsigned int i, sum;
i=0;
    do              //do-while 循环语句
    {
        sum=sum+i;
        i++;
    }while(i<=100);
```

4. 嵌套的循环结构

嵌套循环结构是指一个循环的循环体内包含另一个循环。内循环的循环体内还可以包含循环,形成多层循环。for、while、do-while 三种循环都可以相互嵌套。例如,delay()函数有嵌套循环:

```
void    delay(unsigned char i)
{
    unsigned char j, k;   //定义变量 j 和 k
    for(k=0;k<i;k++)   //for 循环语句
    {
    for(j=0;j<255;j++);
    }
}
```

5. 循环中的 break 和 continue 语句

break 语句格式：break；

在 switch 语句中，break 语句用来使流程跳出 switch 结构，继续执行 switch 之后的语句。break 语句用于 for、while、do-while 循环语句中时，跳出该循环。

continue 语句格式：continue；

continue 语句的作用是跳过本次循环中剩余的循环体语句，立即进行下一次循环。

动手做 2 编程与仿真

继电器控制强电 220 V 白炽灯一会亮一会灭，程序如下：

```c
#include<reg51.h>
void delay(unsigned char i);     //延时函数声明
void main()   //主函数
{
        P3=0x55;
        delay(200);  //调用子程序
        P3=0xAA;
        delay(200);  //调用子程序
}
void    delay(unsigned char i)
{
    unsigned char j,k;  //定义变量 j 和 k
    for(k=0;k<i;k++)  //for 循环语句
for(j=0;j<255;j++);
}
```

从 Proteus 中选取如下元件：AT89C51、RES、PNP、DIODE、RELAY、LAMP。放置元件、电源和地，设置参数，连线，将目标代码文件加载到 AT89C51 单片机中，继电器控制强电 220 V 白炽灯一会亮一会灭，仿真电路如图 2.2.10 所示。

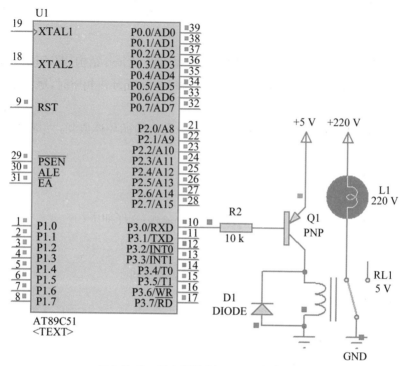

图 2.2.10　继电器控制 Proteus 仿真电路

任务 3　报警器

任务要求　用一个按键模拟报警开关,用蜂鸣器模拟报警器;按键按下启动报警,按键释放报警解除。

跟我学 1　蜂鸣器

蜂鸣器是发声元件,在其两端施加直流电压(有源蜂鸣器)或者方波(无源蜂鸣器)就可以发声,其主要参数是外形尺寸、发声方向、工作电压、工作频率、工作电流、驱动方式(直流/方波)等,广泛应用于计算机、打印机、复印机、报警器、电子玩具、汽车电子设备、电话机、定时器等电子产品中作发声器件。在单片机应用的设计上,很多方案都会用到蜂鸣器,大部分用做提示或报警。蜂鸣器主要分为压电式蜂鸣器和电磁式蜂鸣器两种类型。其中,电磁式蜂鸣器由振荡器、电磁线圈、磁铁、振动膜片及外壳等组成。蜂鸣器工作时,电流通过电磁线圈产生磁场,振动膜片在电磁线圈和磁铁的相互作用下,周期性地振动发声。

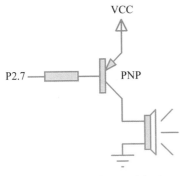

图 2.3.1　蜂鸣器驱动电路

自激蜂鸣器是直流电压驱动的,不需要利用交流信号驱动。只需对驱动口输入驱动电平,并通过三极管放大驱动电流,就能使蜂鸣器发出声音。单片机 I/O 引脚的输出电流较小,无法直接驱动蜂鸣器,需要增加一个电流放大电路,如图 2.3.1 所示,可以通过一个 PNP 三极管驱动蜂鸣器。通过 P2.7 控制 PNP 三极管基极的电平,就可以实现蜂鸣器的发声和关闭;改变 P2.7 输出频率,可以调整蜂鸣器的音调;改变 P2.7 输出的 PWM 占空比,可以控制蜂鸣器的声音大小。

动手做 1　硬件电路设计

根据要求设计如图 2.3.2 所示电路图,并填写表 2.3.1 报警器控制电路元件清单。

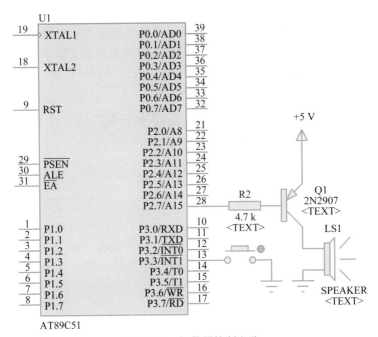

图 2.3.2　报警器控制电路

表 2.3.1　报警器控制电路元件清单

元件名称	参数	数量	元件名称	参数	数量

跟我学 2　　选择语句

1. if 语句

if 语句的格式如下：

```
if(表达式)
    {
        语句组;
    }
```

if 语句中的表达式必须用括号括起来。表达式通常为逻辑表达式或关系表达式,也可以是任何其他的表达式或类型数据,只要表达式的值非 0 即为真。3、x＝8、P3_0 都是合法的表达式。if 语句中的花括号{}内如只有一条语句,花括号{}可以省略。

if 语句执行过程:当表达式的结果为真时,执行其后的语句组;否则,跳过该语句组,继续执行下面的语句。if 语句执行流程图如图 2.3.3 所示。

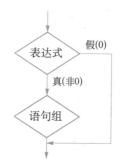

图 2.3.3　if 语句执行流程图

if 例程如下：

```
if(P3!=0XFF)
    {
            P1=0X00;
    }
```

例如，P1 口接 8 只发光二极管低电平亮，P3.0 接一个按键，按键按下发光二极管亮。

```
#include<reg51.h>
sbit key=P3^0;
main()
{
  while(1)
  {
    if(key==0)P0=0x00;
  }
}
```

2. if-else 语句

if-else 语句的一般格式如下：

```
if(表达式)
    {
        语句组 1;
    }
    else
    {
        语句组 2;
    }
```

当"表达式"的结果为"真"时，执行其后的语句组 1；否则，执行语句组 2。if-else 语句执行流程图，如图 2.3.4 所示。

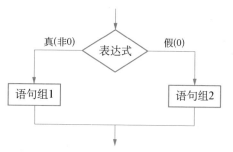

图 2.3.4　if-else 语句执行流程图

例如,P1 口接 8 只发光二极管低电平亮,P3.0 接一个按键,按键按下发光二极管亮、松开发光二极管灭,程序如下:

```
#include〈reg51.h〉
sbit key=P3^0;
main()
{
   while(1)
   {

     if(key==0)
      {
          P1=0x00;
      }
     else
      {
          P1=0xFF;
      }
   }
}
```

3. if-else-if 语句

if-else-if 语句是由 if else 语句组成的嵌套,用来实现多个条件分支的选择,其一般格式如下:

```
if(表达式 1)
    {
        语句组 1;
    }
else if(表达式 2)
    {
        语句组 2;
        }
    ...
else if(表达式 n)
    {
        语句组 n;
        }
else
    {
        语句组 n+1;
        }
```

在执行该语句时,依次判定表达式 i 的值。当为真时,执行对应的语句组 i,跳过剩余的 if 语句;若所有都是假,则执行最后一个 else 后的语句组 n+1。一般用于分支较少的场合,执行过程如图 2.3.5 所示。

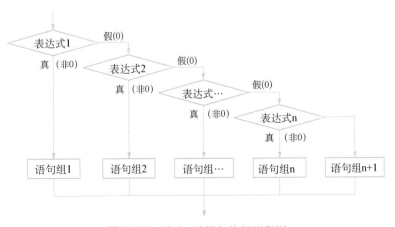

图 2.3.5 if-else-if 语句执行流程图

例如,P1 口接 8 只发光二极管,P3.0～P3.3 接 4 个按键,如图 2.3.6 所示。当没有键按下时,8 个全灭;当 S1 按键按下时,D1 灯亮;当 S2 按键按下时,D2 灯亮;当 S3 或 S4 按键按下时,8 个全亮。程序如下:

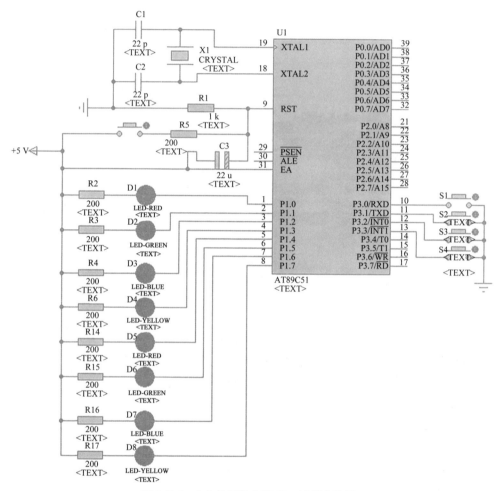

图 2.3.6 4 个按键控制发光二极管电路图

```
#include⟨reg51.h⟩
void main()
{
```

```
    if(P3==0xfe)P1=0xfe;
        else if(P3==0xfd)P1=0xfd;
            elseif((P3==0xfb)||(P3==0xf7))P1=0x00;
                else P1=0xff;
    }
```

4. switch 语句

虽然 if-else-if 语句可以用于多路选择，但 C 语言还专门提供了 switch 开关语句处理多分支情形，使代码具有更好的可读性。多分支选择的 switch 语句一般形式如下：

```
switch(表达式)
    {
        case 常量表达式 1:   语句组 1；break；
        case 常量表达式 2:   语句组 2；break；
        ……
        case 常量表达式 n:   语句组 n；break；
        default      ：  语句组 n+1；
    }
```

首先计算表达式的值，并逐个与 case 后的常量表达式的值比较。当表达式的值与某个常量表达式的值相等时，则执行对应该常量表达式后的语句组，再执行 break 语句，跳出 switch 语句的执行，继续执行下一条语句；如果表达式的值与所有 case 后的常量表达式均不相同，则执行 default 后的语句组。switch 语句的执行流程图，如图 2.3.7 所示。

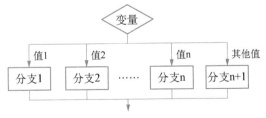

图 2.3.7　switch 语句执行流程图

switch 语句注意事项：

（1）case 与常量表达式必须用空格隔开，常量表达式的值不能相同。

（2）case 语句后面允许多个语句，可以不用{ }括起来；每个 case 语句最后必须加 break 语句。

（3）default 语句放在最后。

switch 语句实现按键控制程序如下：

```
#include〈reg51.h〉
void main()
{
    switch(P3)
    {
        case 0xfe:P1=0xfe;break;
        case 0xfd:P1=0xfd;break;
        case 0xfb:
        case 0xf7:P1=0x00;break;
        default:P1=0xff;
    }
}
```

动手做 2   编程与仿真

报警器程序如下：

```
#include〈reg51.h〉            //头文件定义了
sbit    spk=P2^7;
sbit    key=P3^3;
void delay(unsigned char i);    //延时函数声明
void main()              //主函数
{
    if(key==0)
        {
        spk=0;
```

```
        delay(1);   //调用子程序
        spk=1;
        delay(1);   //调用子程序
        }
    }
    void   delay(unsigned char i)
    {
        unsigned char j,k;       //定义变量 j 和 k
        for(k=0;k<i;k++)            //for 循环语句
        for(j=0;j<255;j++);
    }
```

从 Proteus 中选取如下元件：AT89C51、RES、BUTTON、2N2907、SPEAKER,放置元件、电源和地,设置参数,连线,将目标代码文件加载到 AT89C51 单片机中。报警器仿真电路图如图 2.3.8 所示。

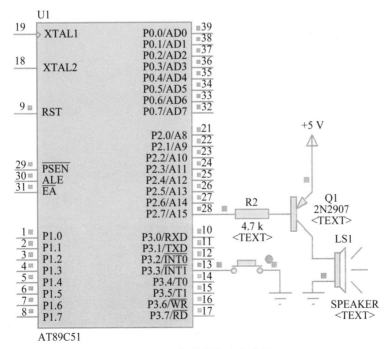

图 2.3.8　报警器仿真电路图

显示和按键接口技术应用

单片机应用系统常要连接一些显示器和按键,构成常用的人机对话的基本方式。本项目以单片机控制数码管和按键为例,介绍常用显示器件和按键工作原理与应用。

知识点

(1) LED 数码管及接口电路。

(2) 独立式按键及接口电路。

(3) 矩阵式按键及接口电路。

(4) 数码管的静态显示和动态显示编程。

(5) 按键编程。

(6) 数组应用。

任务 1 一位数码管显示

任务要求 利用单片机控制一个数码管实现静态显示 0~9。

跟我学 1 数码管

单片机系统中,常用 7 段 LED 数码管实物如图 3.1.1 所示,数码管的引脚配置如图 3.1.2 所示。LED 数码管里面有 8 只发光二极管,分别记作 a 、 b 、 c 、 d、e、f、g、dp,其中 dp 为小数点。每一只 LED 都有一根电极引到外部引脚上,而另外一只引脚就连接在一起,同样也引到外部引脚上,记作公共端(COM)。LED 的阳极连在一起的称为共阳极显示器,如图 3.1.3(b)所示;阴极连在一起的称为共阴极显示器,如图 3.1.3(a)所示。当在某段 LED 上施加一定的正向电压时,该段笔划即亮;不加电压时,则暗。为了保护各段 LED 不被损坏,须外加限流电阻。

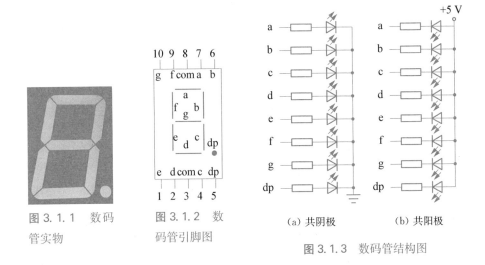

图 3.1.1　数码管实物

图 3.1.2　数码管引脚图

(a) 共阴极　　　　(b) 共阳极

图 3.1.3　数码管结构图

要使数码管显示出相应的数字或字符,必须使段数据口 a~dp 输入相应的字形编码。如使用共阳极数码管,因 8 个发光二极管的阳极都接高电平,则发光二极管的阴极接低电平表示对应字段亮,接高电平 1 表示对应字段暗;如使用共阴极数码管,数据为 0 表示对应字段暗,数据为 1 表示对应字段亮,其中 a 段为最低位、dp 点为最高位。如要显示 0,共阳极数码管的字型编码应为 11000000B(即 C0H);共阴极数码管的字型编码应为 00111111B(即 3FH)。依此类推,可求得共阴极与共阳极 7 段 LED 显示数字 0~F 的字形编码,见表 3.1.1。

表 3.1.1　数码管编码表

显示	共阳极字型编码								共阳编码	共阴编码
	dp	g	f	e	d	c	b	a		
0	1	1	0	0	0	0	0	0	C0	3F
1	1	1	1	1	1	0	0	1	F9	06
2	1	0	1	0	0	1	0	0	A4	5B

显示	共阳极字型编码								共阳编码	共阴编码
	dp	g	f	e	d	c	b	a		
3	1	0	1	1	0	0	0	0	B0	4F
4	1	0	0	1	1	0	0	1	99	66
5	1	0	0	1	0	0	1	0	92	6D
6	1	0	0	0	0	0	1	0	82	7D
7	1	1	1	1	1	0	0	0	F8	07
8	1	0	0	0	0	0	0	0	80	7F
9	1	0	0	1	0	0	0	0	90	6F
A	1	0	0	0	1	0	0	0	88	77
B	1	0	0	0	0	0	1	1	83	7C
C	1	1	0	0	0	1	1	0	C6	39
D	1	0	1	0	0	0	0	1	A1	5E
E	1	0	0	0	0	1	1	0	86	79
F	1	0	0	0	0	1	0	0	84	71
灭	1	1	1	1	1	1	1	1	FF	00

　　LED数码管显示器有静态显示和动态显示两种显示方式。静态显示是指数码管显示某一字符时,相应的发光二极管恒定导通或恒定截止。这种显示方式的各位数码管相互独立,公共端恒定接地(共阴极)或接正电源(共阳极)。每个数码管的8个字段分别与一个8位I/O口地址相连,I/O口只要有段码输出,相应字符即显示出来,并保持不变,直到I/O口输出新的段码,如图3.1.4所示。采用静态显示方式,较小的电流即可获得较高的亮度,且占用CPU时间少,编程简单,显示便于监测和控制,但其占用的口线多,硬件电路复杂,成本高,只适用于显示位数较少的场合。动态显示是一位一位地轮流点亮各位数码管,这种逐位点亮显示器的方式称为位扫描。通常,各位数码管的段选线相应并联在一起,由一个8位的I/O口控制;各位的位选线(公共阴极或阳极)由另外的I/O口控制。动态方式显示时,各数码管分时轮流选通,要使其稳定显示必须采用扫描方式,即在某一时刻只选通一位数码管,并送出相应的段码,在另一时刻选通另一位数码管,并送出相应的段码。依此规律循环,即可使各位数码管显示将要显示的字符,虽然这些字符是在不同的时刻分别显示,但由于人眼存在视觉暂留效应,只要每位显示间隔足够短就可以给人同时显示的感觉。动态数码管显示电路,如图3.1.5所示。

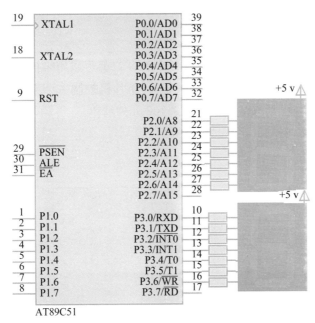

图 3.1.4 静态数码管显示原理图

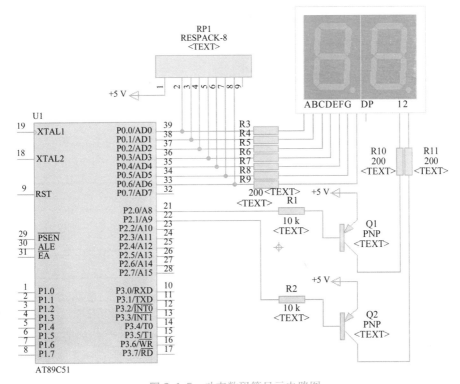

图 3.1.5 动态数码管显示电路图

动手做 1　硬件电路设计

　　单片机 P0、P1、P2、P3 的任意一个 I/O 口都可以用来控制一个数码管工作。该任务采用 P2 口，数码管采用共阳极，单片机控制一个数码管工作的电路如图 3.1.6 所示，根据电路图填写表 3.1.2 元件清单。

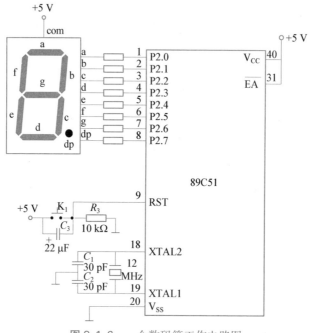

图 3.1.6　一个数码管工作电路图

表 3.1.2　一个数码管显示元件清单

元件名称	参数	数量	元件名称	参数	数量

跟我学2 数组

程序设计中,为了处理方便,把相同类型的若干组数据项有序组织起来,这些按序排列的同类数据元素的集合称为数组。组成数组的各个数据项,称为数组元素。

数组属于常用的数据类型,数组中的元素有固定数目和相同类型,数组元素的数据类型就是该数组的基本类型。例如,整型数据的有序集合称为整型数组,字符型数据的有序集合称为字符型数组。数组还分为一维、二维、三维和多维数组等,常用的是一维、二维。

1. 一维数组的定义

一般格式:

　　类型标识符　数组名[常量表达式];

类型标识符是指数组中的各个数组元素的数据类型;数组名是用户定义的数组标识符;方括号[]中的常量表达式不能是变量,常量表达式表示元素的个数即数组长度。

例如,unsigned char a[10];数组名为 a,10 表示有 10 个元素,数组下标从零开始即 a[0]、a[1]、a[2]、……a[8]、a[9]。

2. 一维数组的初始化

(1) 在定义数组时,全部赋初值,此时可以省略数组的长度,即:

　　unsigned char a[5]={1,2,3,4,5};
　　unsigned char a[ ]={1,2,3,4,5};　//a[0]=1,a[1]=2,a[2]=3,
a[3]=4,a[4]=5。

(2) 在定义数组时,对部分数组元素赋初值,即:

　　unsigned char b[6]={1,2,6};　　　　//给部分赋值,b[0]=1,b[1]=2,
b[2]=6,

(3) 定义完后再赋值,即:

　　unsigned char d[10];
　　d[0]=4;d[1]=6;……　　　//定义完后再赋值

3. 一维数组的引用

数组在使用前必须先定义,并且只能逐个引用数据元素,数据组元素的引用形式为

数组名[下标]

下标可以是整型常量也可以是整型表达式,如 a[5]、a[n]。例如,定义一个数组,把其中一个元素送给 P1 口,即:

unsigned char a[5]={1,2,3,4,5};
P1=a[2];

动手做2 编程与仿真

一位数码管显示 0~9 的程序如下:

```
#include<reg51.h>   //包含头文件 REG51.H
void delay1s(        );
void main()    //主函数
{
    unsigned char i;
    unsigned char display[]={0xc0,0xf9,0xa4,0xb0,0x99,0x92,0x82,
0xf8,0x80,0x90};
    while(1)
        {
                for(i=0;i<10;i++)
                {
                        P2=display[i];//显示字送 P1 口
                        delay1s();   //延时 1S
                }
            }
    }
void delay1s(        )
{
```

```
unsigned char i;
TMOD=0x10;
for(i=0;i<0x14;i++)
{
    TH1=0x3c;
    TL1=0xb0;
    TR1=1;
    while(!TF1);
    TF1=0;
}
}
```

从 Proteus 中选取如下元件：AT89C51、RES、7SEG-COM-AN-GRN，放置元件、电源和地，设置参数，连线，将目标代码文件加载到 AT89C51 单片机中。一位数码管显示 0～9 的仿真图，如图 3.1.7 所示。

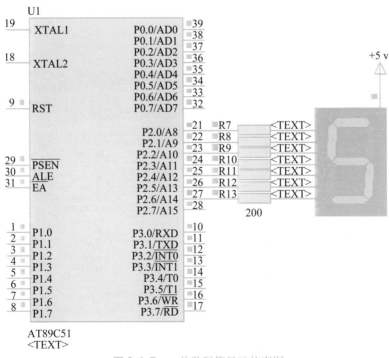

图 3.1.7　一位数码管显示仿真图

任务 2　两位数码管显示

任务要求　利用单片机控制两个数码管实现动态显示,顺序显示 0~99。

动手做 1　硬件电路设计

根据设计硬件电路图,如图 3.1.5 所示。三极管放大电路也可以用反相器 74ls04 代替,如图 3.2.1 所示。当数码管个数多时,P0 口和数码管数据口之间可以加 74ls245 增强驱动能力。该项目选用两位共阳极数码管,数码管数据端接 P0,公共端 1、2 通过反相器 74ls04 与单片机 P2.0 和 P2.1 相接。根据原理图填写表 3.2.1 元件清单。

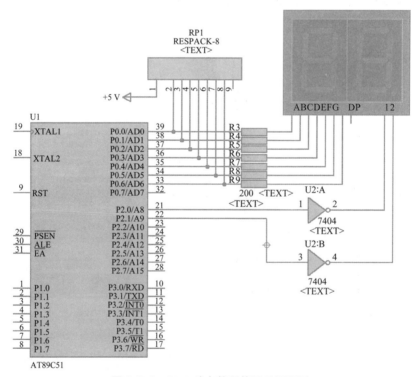

图 3.2.1　7404 动态数码管显示原理图

表 3.2.1　两位数码管显示元件清单

元件名称	参数	数量	元件名称	参数	数量

跟我学 1　C51 函数与预编译处理

在实际应用中,一个完整的 C51 程序要完成不同功能,用函数来组成不同功能模块,函数是 C 语言的基本组成模块,一个 C 语言程序就是由若干个模块化的函数组成的。采用函数有以下优点:可以将不同的模块分别封装,使程序的整体结构清晰明了;可以增加程序的可重复使用性,减少重复劳动;对于经常使用的程序段,使用函数可以显著地缩减代码的大小。

1. 主函数与普通函数

(1) 主函数　每一个 C51 程序都必须至少有一个函数,以 main 为名,称为 main 函数或主函数。main 函数是程序的入口,在程序运行时从 main 函数开始执行。

(2) 普通函数　main 函数之外的函数可以统称为普通函数。普通函数从用户使用的角度划分,可以分为标准函数(即库函数)和用户自定义函数。

2. 标准函数与自定义函数

标准库函数是由 C51 的编译器提供的,用户不必定义这些函数,可以直接调用。Keil C51 编译器提供了 100 多个库函数,常用的 C51 库函数包括一般 I/O 口函数、访问 SFR 地址函数等。在 C51 编译环境中,以头文件的形式给出。

用户自定义函数是用户根据需要自行编写的函数,必须先定义之后才能被调用。

3. 函数的定义

函数定义的一般形式是:

```
函数类型  函数名(形式参数表)
{
局部变量定义
函数体语句
}
```

其中,函数类型说明了自定义函数返回值的类型;函数名是自定义函数的名字;形式参数表给出函数被调用时传递数据的形式参数,形式参数的类型必须加以说明。ANSI C 标准允许在形式参数表中说明形式参数的类型。如果定义的是无参数函数,可以没有形式参数表,但是圆括号不能省略。局部变量定义是对函数内部使用的局部变量进行定义。函数体语句是为完成函数的特定功能而设置的语句。

4. 函数调用

函数调用就是在一个函数体中引用另外一个已经定义的函数,前者称为主调用函数,后者称为被调用函数,函数调用的一般格式是:

函数名(实际参数列表);

对于有参数类型的函数,若实际参数列表中有多个实参,则各参数之间用逗号隔开。实参与形参顺序对应,个数应相等,类型应一致。

在一个函数中调用另一个函数,则需要具备如下条件:

(1) 被调用函数必须是已经存在的函数(库函数或者用户自己已经定义的函数)。如果函数定义在调用之后,那么必须在调用之前(一般在程序头部)对函数声明。

(2) 如果程序使用了库函数,则要在程序的开头用♯include 预处理命令,将调用函数所需要的信息包含在本文件中。如果不是在本文件中定义的函数,那么在程序开始,要用 extern 修饰符说明函数原型。

5. 预处理命令

预处理命令在源程序中放在函数之外,并且一般都放在源文件的前面。在编译系统对程序进行通常的编译(包括词法分析、语法分析、代码生成、代码优化等)之前,先对程序中这些特殊的命令进行预处理,然后将预处理的结果和源程序一起,再进行通常的编译处理,以得到目标代码。这些特殊的命令就是预处理命令。C51预处理命令主要包括宏定义、文件包含和条件编译。

（1）宏定义　宏定义命令为#define，其作用是用一个标识符来表示一个字符串，称为宏。被定义为宏的标识符称为宏名，而被代替的字符串既可以是常数，也可以是其他任何字符串。在编译预处理时，对程序中所有出现的宏名，都用宏定义中的字符串去代换，称为宏代换或宏展开。不带参数的宏定义，例如：

　　#define PI 3.14

带参数的宏定义，例如：

　　#define s(a,b)　(a*b)

（2）文件包含　文件包含一般形式为：

　　#include　〈文件名〉

文件包含处理是指一个源文件可以将另外的文件包含到本文件中。文件包含命令的功能是把指定的文件插入该命令行位置取代该命令行，从而把指定的文件和当前的源程序文件连成一个源文件。包含命令中的文件名可以用双引号括起来，也可以用尖括号括起来。使用尖括号表示，在包含文件目录中去查找（包含目录是由用户在设置环境时设置的）。使用双引号则表示首先在当前的源文件目录中查找，若未找到才到包含目录中去查找，例如：

　　#include〈reg51.h〉
　　#include"stdio.h"

（3）条件编译　一般情况下，源程序中所有的行都参加编译。但有时希望其中一部分内容只在满足一定条件下才编译，即对一部分内容指定编译条件，这就是条件编译，指令有#if、#else、#elif和#endif指令、#ifdef和#ifndef、#error、#line、#pragma。

跟我学2　**单片机存储器**

MCS-51单片机存储器的结构如图3.2.2所示，51单片机存储器的结构是哈佛结构 ROM 和 RAM 分开。物理结构可以分为程序存储空间和数据存储空间，具体可分为片内程序存储器、片外程序存储器、片内数据存储器和片外数据存储器。单片机存储器从用户角度可分为片内外统一编址的 64 k 程序存储器地址空间、64 k 的片外数据存储器地址空间和 256 字节的片内数据存储器地址空间。

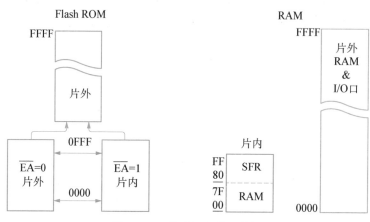

图 3.2.2　单片机存储器结构

1. 程序存储器(program memory)

程序存储器主要用于存放经调试正确的应用程序和常数表格,称为 CODE区。MCS-51 具有 64 kB 程序存储器寻址空间,用于存放用户程序、数据和表格等信息。内部无 ROM 的 8031 单片机的程序存储器必须外接,空间地址为64 kB,此时单片机的 EA 端必须接地。强制 CPU 从外部程序存储器读取程序。内部有 ROM 的 8051 等单片机,正常运行时,则需接高电平,使 CPU 先从内部的程序存储中读取程序,当 PC 值超过内部 ROM 的容量时,才会转向外部的程序存储器读取程序。EA=1 时,程序先从片内 ROM 执行。EA=0 时,片内ROM 不起作用,CPU 只能从片 ROM 中执行。

程序运行中,数据不变的参数可以存放在程序存储器中,减少占用数据存储器,声明方式如下:

unsigned char code display□={0xc0,0xf9,0xa4,0xb0,0x99,0x92,0x82,0xf8,0x80,0x90};

8051 片内有 4 kB 的程序存储单元,其地址为 0000H~0FFFH。单片机启动复位后,程序计数器的内容为 0000H,所以系统将从 0000H 单元开始执行程序。在程序存储中,有些特殊的含义如下:

(1) 0003H 外部中断 0 入口地址。

(2) 000BH 定时器 0 溢出中断入口地址。

(3) 0013H 外部中断 1 入口地址。

(4) 001BH 定时器 1 溢出中断入口地址。

(5) 0023H 串行口中断入口地址。

(6) 002BH 定时器 2 溢出中断入口地址。

2. 数据存储器

数据存储器也称为随机存取数据存储器。数据存储器分为内部数据存储和外部数据存储。MCS-51 内部 RAM 有 128 或 256 个字节的用户数据存储,片外最多可扩展 64 kB 的 RAM。C 语言编程时,数据存储空间与 C 语言数据类存储型的对应关系见表 3.2.2。

表 3.2.2 数据存储空间与 C 语言数据类存储型对应关系

存储类型	与物理存储空间的对应关系
data	片内数据存储区的低 128 字节
bdata	可位寻址片内 RAM 0x20～0x2F 空间(16 字节)
idata	间接寻址片内数据存储区(256 字节),可访问片内全部 RAM
pdata	片外数据存储区的开头 256 字节
xdata	外部扩展数据存储区,通过 DPTR 访问

存储器类型设置为 data 时,直接寻址片内数据存储区的低 128 字节;存储器类型设置为 idata 时,可访问片内全部 RAM 地址空间 256 字节;存储器类型设置为 bdata 时,可位寻址片内 RAM 0x20～0x2F 空间;存储器类型设置为 xdata 时,可访问片外数据存储区 64 kB。

动手做 2 编程与仿真

两位数码管显示 0～99 的程序如下:

```
#include⟨reg51.h⟩
void delay10ms()      //延时 10ms 函数
```

```
    {
        TMOD=0x10;
        TH1=0xD8;
        TL1=0xEF;
        TR1=1;
        while(!TF1);
        TF1=0;
    }
    void main()   //主函数
    {
        unsigned char code display[ ]={0xc0,0xf9,0xa4,0xb0,
    0x99,0x92,0x82,0xf8,0x80,0x90};
    unsigned char n,i;
        while(1)
        {
            for(n=0;n<100;n++)
            {
                for(i=0;i<50;i++)
                {
                P2=0xFF;
                P0=display[n%10];
                P2=0xFD;
                delay10ms();
                P2=0xFF;
                P0=display[n/10];
                P2=0xFE;
                delay10ms();
                }
            }
        }
    }
```

从 Proteus 中选取如下元件：AT89C51、RES、7SEG-MPX2-CA、PNP、RESPACK8，放置元件、电源和地，设置参数，连线，将目标代码文件加载到 AT89C51 单片机中，两位数码管显示 0～99 的仿真图如图 3.2.3 所示。

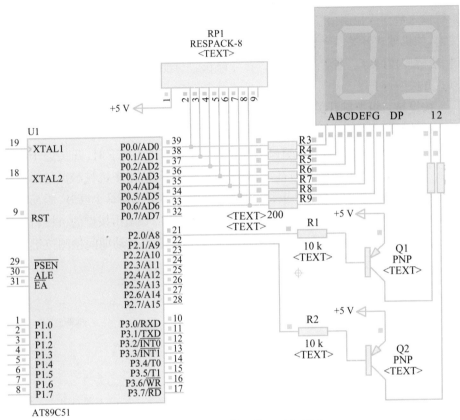

图 3.2.3　两位数码管显示仿真图

任务 3　单按键控制数码管

任务要求　按键每按下一次，数码管数值加 1。数码管从零开始显示，加到 9 再从 0 开始。

跟我学 1　　按键技术

1. 按键原理

在单片机应用系统中,按键是人机交流的重要组成部分,用于向单片机应用系统输入数据或控制信息。按键按照结构原理可分为两类,一类是触点式开关按键,如机械式开关、导电橡胶式开关等;另一类是无触点开关按键,如电气式按键、磁感应按键等。前者造价低,后者寿命长。目前,微机系统中最常见的是触点式开关按键。

按键是一组按键开关的集合,每个按键都是一个常开开关电路,平时按键开关总是处于断开状态,当按下时它才闭合。如图 3.3.1 所示,当按键开关未按下时,开关处于断开状态,P1.0 端口为高电平;当按键开关按下时,开关处于闭合状态,P1.0 端口为低电平。通常,按键采用机械式开关,由于机械触点的弹性作用,按键开关在闭合时不会马上稳定地接通,断开时也不会马上断开,因而在闭合和断开的瞬间会伴随一连串的抖动。键抖动时间的长短由按键的机械特性决定,一般为 5~10 ms。这种抖动,人感觉不到,但在触点抖动期间检测按键的通与断状态,可能导致判断出错。

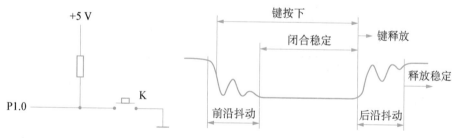

图 3.3.1　按键接口电路及波形

2. 按键结构

按键的结构形式可以分为独立式按键和矩阵式按键。独立式按键如图 3.3.2 所示,是直接用单片机 I/O 口构成的单个按键电路。每个 I/O 口上按键的工作状态不影响其他 I/O 口的工作状态。结构简单,但占用的资源多,当需要按键数量比较少时,可以采用这种方法。独立式按键软件常采用查询式结构。先逐位查询每根 I/O 口的输入状态,如某一个 I/O 口线输入为低电平,则可确认该 I/O 口所对应的按键已按下,然后再转向该键的功能处理程序。单按键查询程序如下:

```
if(Key0==0)
        {
                执行语句
                while(Key0==0);
        }
```

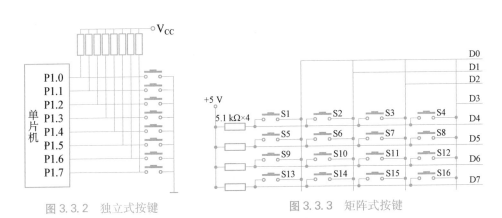

图 3.3.2　独立式按键　　　　　　　　图 3.3.3　矩阵式按键

矩阵式按键结构相对复杂些,但占用的资源较少,通常用在按键数量多的场合。为了减少按键与单片机接口时所占用 I/O 口的数目,在键数较多时,通常都将按键排列成如图 3.3.3 所示的形式。只需 N 条行线和 M 条列线,可形成具有 $N×M$ 个按键的按键。矩阵式按键中,行、列线分别连接到按键开关的两端,行线通过上拉电阻接到＋5 V 上。当无键按下时,行线处于高电平状态;当有键按下时,行、列线将导通,此时,行线电平将由与此行线相连的列线电平决定。这是识别按键是否按下的关键。然而,矩阵按键中的行线、列线和多个键相连,各按键按下与否均影响该键所在行线和列线的电平,各按键间将相互影响。因此,必须将行线、列线信号配合起来做适当处理,才能确定闭合键的位置。

3. 抖动消除

按键抖动必须消除。在单片机应用系统中,消除抖动有硬件和软件两种方法。硬件去抖动方法主要利用 R-S 触发器和滤波去抖动电路,如图 3.3.4 所示。软件去抖动通常是程序检测到键被按下或释放时,延时 10 ms 后再检测键是否仍然闭合或断开,若是则确认是一次真正的闭合或断开,否则就忽略此次按键或释放。软件消除抖动流程如图 3.3.5 所示。软件消除按键抖动的程序如下:

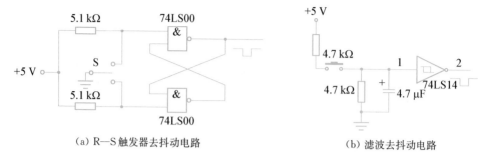

（a）R—S触发器去抖动电路　　　　　（b）滤波去抖动电路

图 3.3.4　硬件消除抖动电路

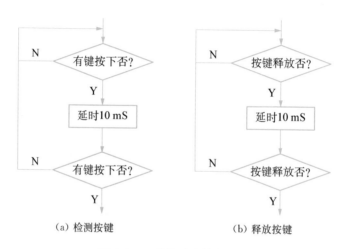

（a）检测按键　　　　　（b）释放按键

图 3.3.5　软件消除抖动流程

```
if(Key0==0)
    {
     delay10ms();
        if(Key0==0)
        {
            执行语句
            while(Key0==0);
            delay10ms();
            while(Key0==0);
```

                    }

                }

动手做 1 **硬件电路设计**

设计硬件电路图,如图 3.3.6 所示。该项目选用一位共阳极数码管,数码管数据端接 P2,按键接 P3.0 口。根据原理图,填写表 3.3.1 元件清单。

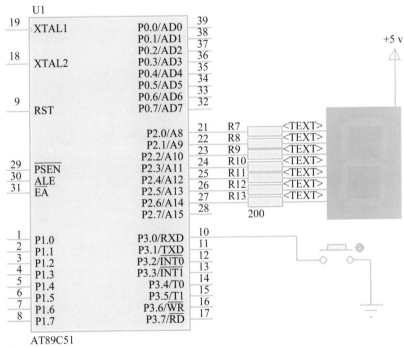

图 3.3.6 单按键控制数码管原理图

表 3.3.1 单按键控制数码管元件清单

元件名称	参数	数量	元件名称	参数	数量

元件名称	参数	数量	元件名称	参数	数量

动手做 2 编程与仿真

按键每按下一次,数码管数值加 1,程序如下:

```
#include<reg51.h>              //包含头文件 REG51.H
sbit Key0=P3^0;
void main()          //主函数
{
    unsigned char i=0;
    unsigned char display[]={0xc0,0xf9,0xa4,0xb0,
0x99,0x92,0x82,0xf8,0x80,0x90};
    P2=display[0];
    while(1){
                if(Key0==0)
                    {
                    i++;
                     if(i==10)i=0;
                     P2=display[i];
                     while(Key0==0);
                    }
                }
    }
```

从 Proteus 中选取如下元件:AT89C51、RES、7SEG-COM-AN-GRN、BUTTON,放置元件、电源和地,设置参数,连线,将目标代码文件加载到 AT89C51 单片机中,单按键控制数码管仿真图如图 3.3.7 所示。

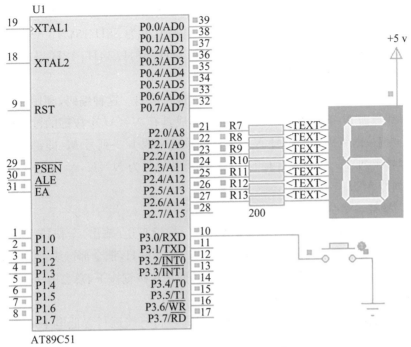

图 3.3.7　单按键控制数码管仿真图

任务 4　矩阵按键识别

任务要求　一位数码管显示 4×4 按键序号。

　矩阵按键编程

1. 按键编码

通常,在一个单片机控制系统中用到的键盘包含很多个键位,这些键都通过 I/O 口连接,按下某个键,通过键盘接口电路得到该键位的编码。一个键盘的键位怎样编码,是实现键位控制的一个重要问题,键位编码通常有两种方法:

(1) 用连接键盘的 I/O 口的二进制组合进行编码。如图 3.3.3 所示,用 4 根行线、4 根列线构成的 16 个键的键盘,假设单片机控制系统的 P1 口的 P1.0~

P1.3 接 4 根行线,P1.4~P1.7 接 4 根列线,可使用一个 8 位 I/O 线的二进制的组合表示 16 个键的编码,0~15 键号的编码值可为 88H、84H、82H、81H、48H、44H、42H、41H、28H、24H、22H、21H、18H、14H、12H、11H。这种编码简单,但不连续,在软件处理时不方便。

(2) 采用计数译码法,即根据行列位置进行编码。这种编码,利用这种行列矩阵形式只需 N 条行线和 M 条列线,可形成具有 $N \times M$ 个按键的键盘处理形式,每个键位的编码值=行号 $N \times$ 每行的按键个数 $K +$ 列号 M,即键号(值)=行首键号+列号。如果一行有 K 个键,则行首键号为 $N \times K$,N 为行号,从 0 开始取,列号 M 从 0 开始取。

2. 按键编程步骤

(1) 判别有无键按下。由单片机 I/O 口向键盘送(输出)全扫描字,然后读入(输入)列线状态来判断。向行线输出全扫描字 00H,把全部行线置为低电平,然后将列线的电平状态读入累加器 A 中。如果有按键按下,总会有一根列线电平被拉至低电平,从而使列输入不全为 1。

(2) 判断键盘中哪一个键被按下。是通过将行线逐行置低电平后,检查列输入状态实现的。依次给行线送低电平,然后查所有列线状态,称行扫描。如果全为 1,则所按下的键不在此行;如果不全为 1,则所按下的键必在此行,而且是在与零电平列线相交的交点上的那个键。

(3) 用计算法或查表法得到键值:键号(值)=行首键号+列号。

第 0 行的键值为:0 行×4+列号(0~3)为 0、1、2、3;

第 1 行的键值为:1 行×4+列号(0~3)为 4、5、6、7;

第 2 行的键值为:2 行×4+列号(0~3)为 8、9、A、B;

第 3 行的键值为:3 行×4+列号(0~3)为 C、D、E、F。

4×4 键盘行首键号为 0、4、8、C,列号为 0,1,2,3。

(4) 判断闭合键是否释放,如没释放则继续等待。

(5) 将闭合键键号保存,同时转去执行该闭合键的功能。

动手做 1 **硬件电路设计**

设计硬件电路图,如图 3.4.1 所示。该项目选用一位共阳极数码管,数码管数据端接 P2,矩阵按键接 P3 口,P1.0 接程序运行指示灯。根据电路图,填写表 3.4.1 元件清单。

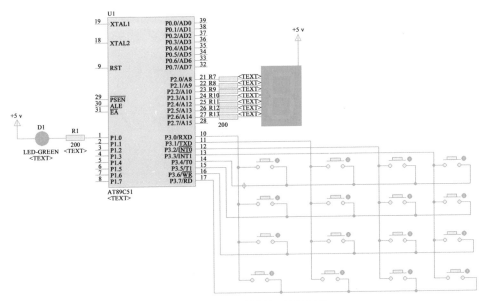

图 3.4.1　4×4 按键识别电路图

表 3.4.1　4×4 按键识别元件清单

元件名称	参数	数量	元件名称	参数	数量

动手做 2　　编程与仿真

4×4 按键识别程序如下：

#include〈reg51. h〉

#define　uchar　unsigned　char

```
#define  unit   unsigned  int
sbit D0＝P1＾0;
uchar  code  DSY_CODE[ ]＝
{0xc0,0xf9,0xa4,0xb0,0x99,0x92,0x82,
0xf8,0x80,0x90,0x88,0x83,0xc6,0xa1,0x86,0x8e,0xFF};


uchar  Pre_KeyNo＝16,  KeyNo＝16;
//-------------------------------------------------
//延时
//-------------------------------------------------
void   DelayMS(unit  ms)
{
    uchar  t;
    while(ms－－)  for(t＝0;  t＜120;  t＋＋);
}
//-------------------------------------------------
//键盘矩阵扫描
//-------------------------------------------------
void  Keys_Scan()
{
    uchar  Tmp;
    P3＝0x0F;       //高4位置0,放入4行
    DelayMS(1);
    //按键后00001111将变为0000XXXX,X中有1给为0,3个仍为1
    //下面的异或操作会把3个1变为0,唯一的0变为1
    Tmp＝P3＾0x0F;
    //判断按键发生于0～3列中的哪一列
    switch   (Tmp)
    {
      case  1:KeyNo  ＝0;break;
      case  2:KeyNo  ＝1;break;
      case  4:KeyNo  ＝2;break;
```

```
        case    8:KeyNo   =3;break;
        default:    KeyNo   =16;      //无键按下
    }


    P3=0xF0;          //低4位置0,放入4列
    DelayMS(1);
    //按键后11110000将变为XXXX0000,X中有1给为0,3个仍为1
    //下面的表达式会将高4位移到低4位,并将其中唯一的0变为1,其
余为0
    Tmp=P3>>4^0x0F;
    //对0~3行分别附加起始值0,4,8,12
    switch    (Tmp)
    {
        case    1:KeyNo   +=0;break;
        case    2:KeyNo   +=4;break;
        case    4:KeyNo   +=8;break;
        case    8:KeyNo   +=12;
    }
}
//主程序
//------------------------------------------
void    main()
{    D0=0;
    P2=0xFF;
    while(1)
    {
        P3   =0x0F;
        if(P3!=0x0F)   Keys_Scan();       //扫描键盘获取按键序号KeyNo
        if(Pre_KeyNo   !=KeyNo)
        {
            P2=DSY_CODE[KeyNo];
```

```
                    Pre_KeyNo=KeyNo;
            }

        DelayMS(100);

        }

    }
```

从 Proteus 中选取如下元件：AT89C51、RES、7SEG-COM-AN-GRN、BUTTON、LED-GREEN,放置元件、电源和地,设置参数,连线,将目标代码文件加载到 AT89C51 单片机中,4×4 按键识别仿真图如图 3.4.2 所示。

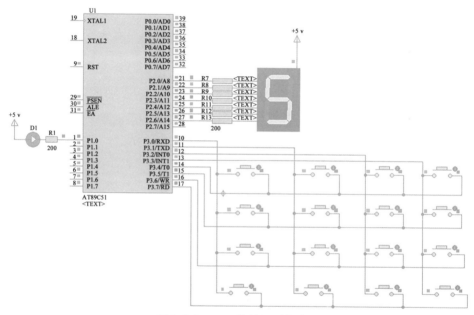

图 3.4.2　4×4 按键识别仿真图

项目 四

中断与定时应用

本项目以外中断方式和计数方式响应按键、秒表定时器、直流电机控制为例,介绍中断与定时技术和应用。

知识点

(1) 中断系统。

(2) 中断编程。

(3) 定时器的工作方式。

(4) 定时器编程。

任务1 外中断控制数码管

任务要求 外中断方式响应按键编程,按键每按下一次数码管数值加1,数码管从零开始显示,加到9再从0开始。

跟我学1 单片机内部结构

单片机的内部结构如图4.1.1所示,主要由振荡电路、中央处理器(CPU)、内部总线、程序存储器、数据存储器、定时器/计数器、串行端口、中断系统和I/O端口等模块组成,各部分通过内部总线紧密地联系在一起。

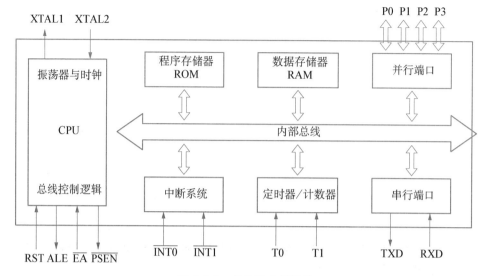

图 4.1.1 单片机内部结构

（1）中央处理器 CPU　中央处理器是单片机的控制核心，完成运算和控制功能。CPU 由运算器和控制器组成。运算器包括一个 8 位算术逻辑单元（Arithmetic Logical Unit，ALU）、8 位累加器（Accumulator，ACC）、8 位暂存器、寄存器 B 和程序状态寄存器（Program Status Word，PSW）等。控制器包括程序计数器（Program Counter，PC）、指令寄存器（Instruction Register，IR）、指令译码器（Instruction Decoder，ID）及控制电路等。

（2）内部数据存储器 RAM　51 单片机内部共有 256 个 RAM 单元，其中的高 128 个单元被专用寄存器占用；低 128 个单元供用户暂存中间数据，可读可写，掉电后数据丢失。通常所说的内部数据存储器就是指低 128 个单元。

（3）内部程序存储器 ROM　51 单片机内部共有 4 kB 掩模 ROM，只能读不能写，掉电后数据不会丢失，用于存放程序或程序运行过程中不会改变的原始数据，通常称为程序存储器。

（4）并行 I/O 端口　51 单片机内部有 4 个 8 位并行 I/O 端口（称为 P0、P1、P2 和 P3），可以实现数据的并行输入输出。

（5）串行端口　51 单片机内部有一个全双工异步串行端口，可以实现单片机与其他设备之间的串行数据通信。该串行端口既可作为全双工异步通信收发器使用，也可作为同步移位器使用，扩展外部 I/O 端口。

（6）定时器/计数器　51 单片机内部有两个 16 位的定时器/计数器,可实现定时或计数功能,并以其定时或计数结果控制计算机。

（7）中断系统　51 单片机内部共有 5 个中断源,分为高级和低级两个优先级别。

（8）时钟电路　51 单片机内部有时钟电路,只需外接石英晶体和微调电容即可。晶振频率通常选择 6、12 或 11.059 2 MHz。

跟我学2　外中断

1. 中断概念

中断是指通过硬件来改变 CPU 的运行方向。计算机在执行程序的过程中,外部设备向 CPU 发出中断请求信号,要求 CPU 暂时中断当前程序的执行,而转去执行相应的处理程序,待处理程序执行完毕后,再继续执行原来被中断的程序。这种程序在执行过程中,由于外界的原因而被中间打断的情况称为中断。

2. 中断的作用

（1）CPU 与外设并行工作　解决 CPU 速度快、外设速度慢的矛盾。

（2）实时处理　控制系统往往有许多数据需要采集或输出。实时控制中,有的数据难以估计何时需要交换。

（3）故障处理　计算机系统的故障往往随机发生,如电源断电、运算溢出、存储器出错等。采用中断技术,系统故障一旦出现,就能及时处理。

（4）实现人机交互　人和单片机交互一般采用键盘和按键,可以采用中断的方式实现。中断方式时,CPU 执行效率高,而且可以保证人机交互的实时性,故中断方式在人机交互中得到广泛应用。

3. 中断系统的结构

中断系统是指能实现中断功能的那部分硬件电路和软件程序。对于 MCS - 51 单片机,大部分中断电路都集成在芯片内部的,只有外部中断请求信号产生电路才分散在各中断源电路和接口电路里。51 单片机中断系统的结构,如图 4.1.2 所示。中断系统主要包括如下功能:

（1）与中断有关的寄存器 4 个,分别是定时器/计数器控制寄存器 TCON、串行口控制寄存器 SCON、中断允许寄存器 IE 和中断优先级寄存器 IP。

（2）51 单片机有 5 个中断源,分别是外部中断 0 请求 INT0、外部中断 1 请求 INT1、T0 定时器/计数器 0 溢出中断请求 TF0、T1 定时器/计数器 1 溢出中

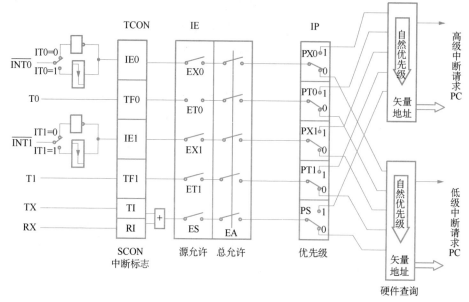

图 4.1.2　中断系统的结构

断请求 TF1 和串行口中断请求 TI/RI。中断源及入口地址见表 4.1.1。

表 4.1.1　中断源及入口地址

中断源	入口地址	中断号	中断源	入口地址	中断号
外部中断 0	0003H	0	定时器/计数器 1	001BH	3
定时器/计数器 0	000BH	1	串行口中断	0023H	4
外部中断 1	0013H	2			

（3）中断源产生相应的中断请求标志分别放在特殊功能寄存器 TCON 和 SCON 的相关位。

（4）每一个中断源的请求信号需经过中断允许 IE 和中断优先权选择 IP 的控制才能够得到响应。

4. 定时器/计数器控制寄存器 TCON

位符号	TF1	TR1	TF0	TR0	IE1	IT1	IE0	IT0
位地址	8FH	8EH	8DH	8CH	8BH	8AH	89H	88H

（1）IT0　外部中断 0 的中断触发方式选择位。当 IT0＝0 时,外部中断 0 为(低)电平触发方式。当 IT0＝1 时,外部中断 0 为边沿(下降沿)触发方式。

（2）IT1　外部中断 1 的中断触发方式选择位。当 IT1＝0 时,外部中断 1 为(低)电平触发方式。当 IT1＝1 时,外部中断 1 为边沿(下降沿)触发方式。

（3）IE0　外部中断 0 的中断请求标志位。当 IE0＝1 时,表示外部中断 0 向 CPU 请求中断。

（4）IE1　外部中断 1 的中断请求标志位。当 IE1＝1 时,表示外部中断 1 向 CPU 请求中断。

（5）TF0　定时器/计数器 T0 的溢出中断请求标志位。在定时器/计数器 T0 被允许计数后,从初值开始加 1 计数,当产生计数溢出时由硬件自动将 TF0 位置为 1。当 TF0 位为 0 时,表示 T0 未计数或计数未产生溢出。

（6）TF1　定时器/计数器 T1 的溢出中断请求标志位。在定时器/计数器 T1 被允许计数后,从初值开始加 1 计数,当产生计数溢出时由硬件自动将 TF1 位置为 1。当 TF1 位为 0 时,表示 T1 未计数或计数未产生溢出。

（7）TR0　定时器/计数器 T0 的启动标志位。当 TR0＝0 时,不允许 T0 计数工作;当 TR0＝1 时,允许 T0 定时或计数工作。

（8）TR1　定时器/计数器 T1 的启动标志位。当 TR1＝0 时,不允许 T1 计数工作;当 TR1＝1 时,允许 T1 定时或计数工作。

5. 中断允许寄存器 IE

位符号	EA	—	—	ES	ET1	EX1	ET0	EX0
位地址	AFH	AEH	ADH	ACH	ABH	AAH	A9H	A8H

51 系列单片机中断源的中断开放或中断屏蔽的控制,是通过中断允许控制寄存器 IE 来实现的。

（1）EA　总中断允许控制位。当 EA＝0 时,屏蔽所有的中断;当 EA＝1 时,开放所有的中断。

（2）ET1　定时器/计数器 T1 的中断允许控制位。当 ET1＝0 时,屏蔽 T1 的溢出中断;当 ET1＝1 且 EA＝1 时,开放 T1 的溢出中断。

（3）ET0　定时器/计数器 T0 的中断允许控制位。

（4）EX1　外中断 1 允许控制位。当 EX1＝0 时，屏蔽外中断 1；当 EX1＝1 时，开放外中断 1。

（5）EX0　外中断 0 的中断允许控制位。

（6）ES　串行口中断允许控制位。

6. 中断优先级寄存器 IP

位符号	—	—	—	PS	PT1	PX1	PT0	PX0
位地址	BFH	BEH	BDH	BCH	BBH	BAH	B9H	B8H

在同一个优先级中，优先级别从高到低的优先级排列如下：/INT0→T0→/INT1→T1→串口（RI、TI）

MCS-51 单片机对中断设置了两个优先权。中断优先级寄存器 IP 控制中断优先级别。PX0、PT0、PX1、PT1 和 PS 分别为 INT0、T0、INT1、T1 和串口中断优先级控制位。当相应的位为 0 时，所对应的中断源定义为低优先级；相反，则定义为高优先级。

7. 串行口控制寄存器 SCON

位符号	SM0	SM1	SM2	REN	TB8	RB8	TI	RI
位地址	9FH	9EH	9DH	9CH	9BH	9AH	99H	98H

（1）RI　串行口接收中断请求标志位。当串行口每接收完一帧数据，由硬件自动将 RI 位置为 1。而 RI 位的清 0，则必须由用户用指令来完成。

（2）TI　串行口发送中断请求标志位。当串行口每发送完一帧数据，由硬件自动将 TI 位置为 1。而 TI 位的清 0，也必须由用户用指令来完成。

（3）TB8　发送数据位第 9 位。在方式 2 和方式 3 时，TB8 是要发送的第 9 位数据。在多机通信中，以 TB8 位的状态表示主机发送的是地址还是数据：TB8＝0 为数据，TB8＝1 为地址。该位由软件置位或复位。

（4）RB8　接收数据位第 9 位。在方式 2 或方式 3 时，RB8 存放接收到的第 9 位数据，代表着接收数据的某种特征，故应根据其状态对接收数据进行操作。

（5）REN　允许接收位。REN 位用于对串行数据的接收进行控制，REN＝0 禁止接收，REN＝1 允许接收。

（6）SM2　多机通信控制位。因多机通信是在方式 2 和方式 3 下进行，因此 SM2 位主要用于方式 2 和方式 3。当串行口以方式 2 或方式 3 接收时,且 SM2 置为 1,只有当系统接收到的第一个数据帧的第 9 位数据(RB8)为 1,才将接收到的前 8 位数据送入 SBUF,并置位 RI 产生中断请求;否则,将接收到的前 8 位数据丢弃。而当 SM2＝0 时,则不论第 9 位数据为 0 还是为 1,都将前 8 位数据装入 SBUF 中,并产生中断请求。在方式 0 时,SM2 必须为 0。

(7) SM0、SM1　串行口工作方式选择位。其状态组合所对应的工作方式,见表 4.1.2。

表 4.1.2　串行口工作方式选择

SM0	SM1	工作方式	SM0	SM1	工作方式
0	0	0	1	0	2
0	1	1	1	1	3

8. 中断响应

(1) 中断响应的基本原则　包含如下:

① 若多个中断请求同时有效,则 CPU 优先响应优先权最高的中断请求。

② 同级的中断或更低级的中断不能中断 CPU 正在响应的中断过程。

③ 低优先权的中断响应过程可以被高优先权的中断请求所中断。

(2) CPU 响应中断的条件　有以下几条:

① 没有同级或高优先级的中断正在处理。

② 正在执行指令必须执行完最后一个机器周期(换言之,正在执行的指令完成前,任何中断请求都得不到响应)。

③ 若正在 RETI 或读写 IE 或 IP 寄存器,则必须执行完当前指令的下一条指令之后才会响应。

(3) CPU 响应中断的过程　具体如下:

① 自动清除相应的中断请求标志位(串行口中断请求标志 RI 和 TI 除外)。

② 保护断点和现场,把被响应的中断源所对应的中断服务程序的入口地址(中断矢量)送入 PC,从而转入相应的中断服务程序。

③ 结束中断服务程序,恢复断点和现场,并返回响应中断之前的程序继续执行。

9. 中断的初始化

所谓初始化,是对将要用到的 MCS - 51 系列单片机内部部件或扩展芯片进行初始工作状态设定。针对中断来说,就是对 IE、IP 初始化编程,实现如下要求:

(1) CPU 开中断与关中断　设置中断允许寄存器 IE 中的 EA 位。

(2) 某个中断源中断请求的允许和禁止(屏蔽)　设置中断允许寄存器 IE 中的 ES、ET1、EX1、ET0、EX0 位。

(3) 各中断源优先级别的设定　设置中断优先级寄存器 IP。

(4) 外部中断请求的触发方式　设置定时器/计数器控制寄存器 TCON 中的 IT0、IT1 位。

10. 中断服务函数

中断服务函数就是规定系统在发生相应的中断时,要执行的操作。C51 编译器支持在 C 语言源程序中直接编写 8051 单片机的中断服务函数,从而减轻使用汇编语言的繁琐程度,提高了开发效率。中断服务函数的一般形式为:

```
void  函数名(void)  interrupt  m
```

关键字 interrupt 后的 m 代表中断号,根据表 4.1.1 中断源及入口地址可知,外部中断 0 的中断入口 m 为 0,定时器/计数器 0 的中断入口 m 为 1,外部中断 1 的中断入口 m 为 2,定时器/计数器 1 的中断入口 m 为 3,串行口中断的中断入口 m 为 4。中断函数既不能进行参数传递,也没有返回值。因此,中断函数的形式参数列表和函数类型标识符名均为 void。定时器 0 的定义方式为:

```
void  intr_time0(void)  interrupt  1
   {   }
```

动手做 1　**硬件电路设计**

根据设计的原理图,如图 4.1.3 所示。该项目选用一位共阳极数码管,数码管数据端接 P2,按键接外中断 0(P3.2)口。根据原理图填写表 4.1.3 元件清单。

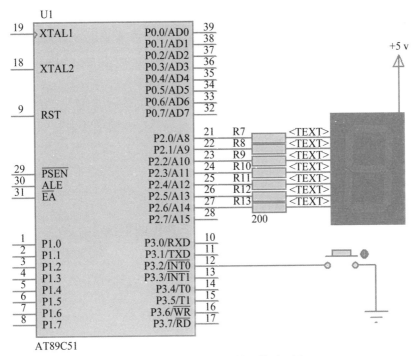

图 4.1.3　外中断控制数码管原理图

表 4.1.3　外中断控制数码管元件清单

元件名称	参数	数量	元件名称	参数	数量

动手做 2　编程与仿真

外中断方式响应按键编程,按键每按下一次数码管数值加 1,数码管从零开始显示,加到 9 再从 0 开始的程序如下:

方案一：

```
#include<REG51.H>
unsigned char i;
void int_0() interrupt 0    //外中断0
{
    i++;
    if(i==10)i=0;
}
void main()    //主函数
{unsigned char display[]={0xc0,0xf9,0xa4,0xb0,0x99,
0x92,0x82,0xf8,0x80,0x90};
    EA=1;    //开放总中断允许位
    EX0=1;   //开外部中断0中断允许位
    IT0=1;   //设置外部中断0为下降沿触发
    i=0;
    while(1){P2=display[i];}
}
```

方案二：

```
#include<REG51.H>
unsigned char i;
void int_0()interrupt 0    //外中断0
{
    i++;
    while(INT0==0);
    if(i==10)i=0;
}
void main()                //主函数
{unsigned char display[]={0xc0,0xf9,0xa4,0xb0,0x99,
0x92,0x82,0xf8,0x80,0x90};
    EA=1;                  //开放总中断允许位
```

```
        EX0＝1;              //开外部中断 0 中断允许位
        IT0＝0;              //设置外部中断 0 为低电平沿触发
        i＝0;
        while(1){P2＝display[i];}
    }
```

从 Proteus 中选取如下元件：AT89C51、RES、BUTTON、7SEG-COM-AN-GRN,放置元件、电源和地,设置参数,连线,将目标代码文件加载到 AT89C51 单片机中,外中断控制数码管显示的仿真图,如图 4.1.4 所示。

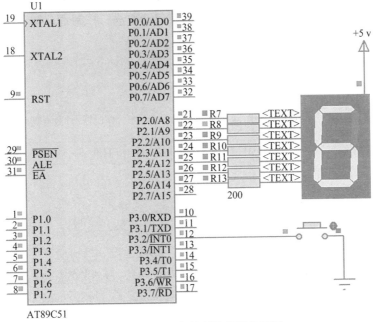

图 4.1.4 外中断控制数码管仿真图

任务 2 秒表设计

任务要求 通过两个静态数码管显示秒表控制系统,用定时器定时 1 s,数字每秒变化一次,从 0～99 循环显示。

跟我学 1 定时器

定时器/计数器是专门的计时/计数硬件,独立于 CPU 工作。定时器主要完成系统运行中的定时功能,而计数器主要用于对外部事件的计数。

1. 定时器/计数器的结构

51 系列有两个 16 位定时器/计数器,即定时器 0(T0)和定时器 1(T1),其结构如图 4.2.1 所示。T0 由两个 8 位特殊功能寄存器 TH0 和 TL0 构成;T1 由 TH1 和 TL1 构成。TH0、TL0 和 TH1、TL1 用于存放计数初值和中间值。每个定时器都可由软件设置为定时工作方式或计数工作方式。这些功能由特殊功能寄存器 TMOD 和 TCON 所控制。方式寄存器 TMOD 确定相应的定时/计数器是定时功能还是计数功能、工作方式以及启动方法。控制寄存器 TCON 专门用于控制 T0、T1 的运行。

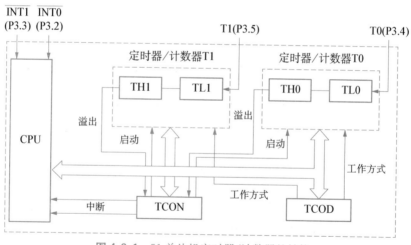

图 4.2.1　51 单片机定时器/计数器的结构

2. 定时/计数器的工作原理

脉冲每一次下降沿,计数寄存器数值将加 1。计数的脉冲如果来源于单片机内部的晶振,其周期极为准确,称为定时器。计数的脉冲如果来源于单片机外部的引脚,其周期一般不准确,这时称为计数器。其工作原理如图 4.2.2 所示。

3. 时钟周期、状态周期和机器周期

CPU 的工作就是不断地取指令和执行指令,以完成数据的传送、运算和输入/输出等操作。从 CPU 取出一条指令到该指令执行结束所需要的时间,称为

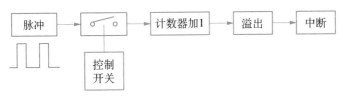

图 4.2.2　51 单片机定时器/计数器工作原理

指令周期。不同的指令,其周期不同。指令周期是以机器周期为单位来衡量时间的长短。

(1) 时钟周期　也称为振荡周期,定义为时钟脉冲频率的倒数(时钟周期就是单片机外接晶振频率的倒数)。51 单片机把一个时钟周期定义为一个节拍,用 P 表示。

(2) 状态周期　一个状态周期由两个时钟周期构成,用 S 表示。

(3) 机器周期　CPU 完成一种基本操作所需要的时间称为机器周期。一个机器周期由 6 个状态周期($S_1 \sim S_6$),或者说由 12 个时钟周期构成。如果系统时钟的晶振频率为 $f_{osc} = 12\,MHz$,1 个机器周期的时间为 $1\,\mu s$。

时钟周期、状态周期和机器周期之间的关系,如图 4.2.3 所示。

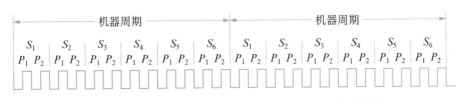

图 4.2.3　时钟周期、状态周期和机器周期之间的定时关系

4. 设置定时计数器工作方式

定时器的方式寄存器 TMOD:

TMOD	GATE	C/T	M1	M0	GATE	C/T	M1	M0
0X89	T1				T0			

TMOD 用来确定两个定时器的工作方式。低半字节设置定时器 T0,高半字节设置定时器 T1。字节地址 89H,不可位寻址。

(1) C/T　功能选择位。0 为定时器方式,定时器计数单片机片内脉冲,即对机器周期计数;1 为计数器方式,计数器的输入来自 T0(P3.4)或 T1(P3.5)端的外部脉冲。

（2）M1、M0　方式选择位,具体见表 4.2.1。

表 4.2.1　工作方式选择位的含义

M1	M0	工作方式	功 能 说 明
0	0	0	13 位计数器
0	1	1	16 位计数器
1	0	2	初值自动重载 8 位计数器
1	1	3	T0 分两个 8 位计数器,T1 停止计数

（3）GATE　T0、T1 门控位。当 GATE＝0 时,定时器/计数器的运行仅受 TR0、TR1 的控制,不受外部引脚电平的状态的影响,只要软件控制位 TR0 或 TR1 置 1 即可启动定时器;当 GATE＝1 时,定时器/计数器的运行不仅受 TR0、TR1 的控制,还受外中断引脚电平状态的控制,只有 INT0 或 INT1 引脚为高电平,且 TR0 或 TR1 置 1 时,才能启动相应的定时器,可测量正脉冲的宽度。

5. 定时器的启停及标志位设置

定时器的控制寄存器 TCON：

位符号	TF1	TR1	TF0	TR0	IE1	IT1	IE0	IT0
位地址	8FH	8EH	8DH	8CH	8BH	8AH	89H	88H

（1）TR0　定时器/计数器 T0 的启动标志位。当 TR0＝0 时,不允许 T0 计数工作;当 TR0＝1 时,允许 T0 定时或计数工作。

（2）TF0　定时器/计数器 T0 的溢出中断请求标志位。在定时器/计数器 T0 被允许计数后,从初值开始加 1 计数,当产生计数溢出时由硬件自动将 TF0 位置为 1。当 TF0 位为 0 时,表示 T0 未计数或计数未产生溢出。

（3）TR1　定时器/计数器 T1 的启动标志位。

（4）TF1　定时器/计数器 T1 的溢出中断请求标志位。

（5）IT0　外部中断 0 的中断触发方式选择位。

（6）IE0　外部中断 0 的中断请求标志位。

6. 定时/计数器初值设置

初始值 X 高 8 位存放在 THx,低 8 位存放在 TLx,其计算方法如下：

计数状态: $X = 2^n -$ 计数值,

定时状态: $X = 2^n - t/T_n$。

图 4.2.4　定时器初值设置计算软件

其中,方式 0,$n=13$,$2 \wedge n=8\,192$;方式 1,$n=16$,$2 \wedge n=65\,536$;方式 2,$n=8$,$2 \wedge n=256$。

t 为定时时间(s),机器周期 $T_n=12/$晶振频率。例如,晶振为 12 MHz 时,T1 方式 1 定时状态下定时 5 ms,

$$X=2 \wedge n-t/T_n=65\,536-5\,000=60\,536=0xEC78。$$

所以,$TH1=0xEC$;$TL1=0x78$。

也可以从网上下载定时器小软件来计算初始值,定时器初值设置计算软件,如图4.2.4所示。

7. 定时器/计数器编程初始化

(1) 确定工作方式,对方式寄存器 TMOD 初始化。

(2) 定时/计数的确定初值,对(TH0、TL0 和 TH1、TL1)赋值。

(3) 开放相应的中断,对中断允许控制寄存器 IE 进行初始化。

(4) 启动定时器/计数器工作,即对 TCON 初始化。

8. 定时器/计数器工作方式 1

定时器/计数器工作方式 1 的逻辑电路结构,如图 4.2.5 所示。加法计数器由 16 位寄存器组成,最大计数脉冲个数为 65 536,最长定时时间(晶振 12 MHz,$T_n=1$ s)$65\,536 \times T_n=65.54$ ms。TH0/TH1 占高 8 位,TL0/TL1 占低 8 位。当 TL0/TL1 的 8 位产生溢出进位时,向 TH0/TH1 进位;当 TH0/TH1 计数溢出时,置溢出中断请求标志位 TF0/TF1 为 1,向 CPU 请求中断。方式 1 的 T0/T1 计数脉冲控制电路与工作方式 0 的情况相似,仅仅是计数器的位数不同而已,工作方式 0 所能完成的功能方式 1 都可以完成。

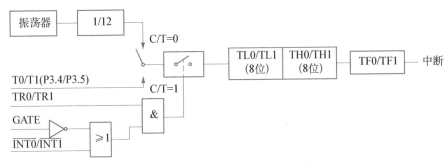

图 4.2.5　工作方式 1 逻辑电路结构图

例 时钟频率 $f_{osc}=12\,\mathrm{MHz}$,利用 T0 产生 1 ms 的定时。

(1)确定工作方式 T0 要实现 1 ms 的定时,选择方式 1;而在此题中没有对 T1 提出任何要求,所以 TMOD 的高 4 位任意。因此,方式控制字为 00000001B=0x01。

(2)确定定时初值

$X=2\wedge n-t/T_n=65\,536-1\,000=64\,536=0\mathrm{xFC18}$,即 TH0=0xFC;TL0=0x18。

(3)定时溢出判定

方法一:开放定时中断

```
EA=1;   //开放总中断允许位
ET0=1;   //定时器中断允许位
```

方法二:查询 TF0/TF1 判定

```
while(!TF1);
TF1=0;
(20) 启动定时器/计数器:
TR0=1;
```

初始化程序如下:

```
TMOD=0x01;
TL0=0x18;
TH0=0xFC;
EA=1;   //开放总中断允许位
ET0=1;
TR0=1;
```

动手做 1 **硬件电路设计**

根据设计的原理图,如图 4.2.5 所示。该项目选用一位共阳极数码管,两个数码管数据端分别接 P0 和 P2。根据原理图填写表 4.2.2 元件清单。

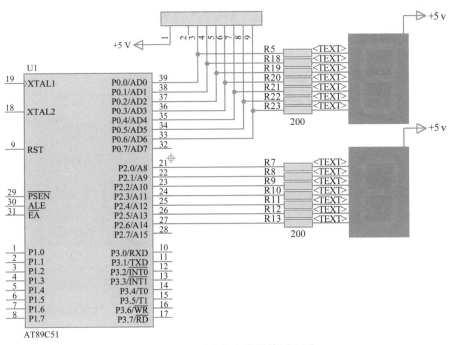

图 4.2.5　两个静态数码管原理图

表 4.2.2　两个静态数码管元件清单

元件名称	参数	数量	元件名称	参数	数量

动手做 2　编程与仿真

　　每 1 s 数码管变化一次,而 T0/T1 方式 1 不可能直接实现 1 s 的定时时间。采用定时器加软件计数器的方法来实现长定时功能。假设用 T1 工作于方式 1

定时 50 ms,软件计数 20 次,实现 1 s 定时。两个静态数码管每秒变化一次,从 0～99 循环显示的程序如下:

方法一:

```
#include<reg51.h>
void delay1s()
{
    unsigned char i;
    TMOD=0x10;
    for(i=0;i<0x14;i++)    //设置 20 次循环次数
    {
        TH1=0x3c;          //设置定时器初值 50MS
        TL1=0xb0;
        TR1=1;             //启动 T1
        while(!TF1);       //查询计数是否溢出,即定时 50ms 时间到,TF1=1
        TF1=0;             //50 ms 定时时间到,将 T1 溢出标志位 TF1 清零
    }
}
void main()   //主函数
{
        unsigned char display[]={0xc0,0xf9,0xa4,0xb0,
0x99,0x92,0x82,0xf8,0x80,0x90};
        unsigned char n;
        while(1)
        {
            for(n=0;n<100;n++)
            {
                P2=display[n%10];
                P0=display[n/10];
                delay1s();   //延时
```

```
        }
            }
    }
```

方法二：

```
#include<reg51. h>
 unsigned char n,t1;
void int_t1()interrupt 3   //T1 中断
{
    TL1=0xB0;
    TH1=0x3C;
     t1++;
    if(t1==20)
        {t1=0;
         n++;
        }
}
void main()   //主函数
{
        unsigned char display[]={0xc0,0xf9,0xa4,0xb0,
0x99,0x92,0x82,0xf8,0x80,0x90};
    TMOD=0x10;
    TL1=0xB0;
    TH1=0x3C;
     EA=1;   //开放总中断允许位
     ET1=1;
     TR1=1;
    while(1)
    {
        if(n==100)n=0;
        P2=display[n%10];
```

```
            P0＝display[n/10]；
    }
}
```

从 Proteus 中选取如下元件：AT89C51、RES、7SEG-COM-AN-GRN，放置元件、电源和地，设置参数，连线，将目标代码文件加载到 AT89C51 单片机中，两个静态数码管显示的仿真图，如图 4.2.6 所示。

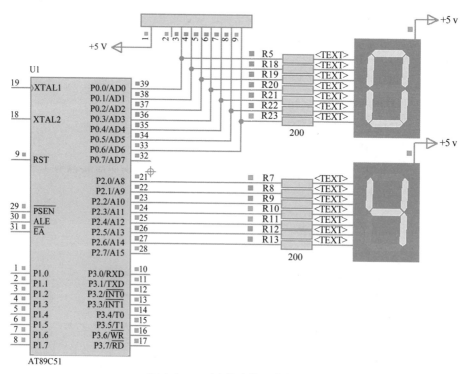

图 4.2.6　两个静态数码管仿真图

任务 3　自动生产线装箱控制

任务要求　矿泉水自动生产线每 6 瓶装一箱，用单片机模拟装箱控制。

工作方式 2——计数器

工作方式 2 为自动恢复计数初值的 8 位定时器/计数器工作方式。T0/T1工作于方式 0 或方式 1 时,若需要重复计数,就需要用户用指令重新填充初值;而方式 2 在计数器溢出时会自动地装入新的计数初值,开始新一轮计数。工作方式 2 的定时时间比较准确。工作方式 2 的内部结构如图 4.3.1 所示。

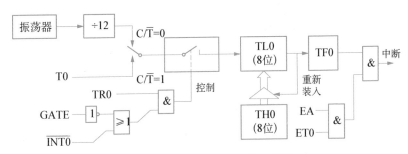

图 4.3.1　工作方式 2 逻辑结构图

在方式 2 时,TL0/TL1 作为 8 位计数器,TH0/TH1 初始值暂存器为 TL0/TL1 自动恢复初,TL0/TL1 和 TH0/TH1 初始值必须相同。当 TL0/TL1 计数发生溢出时,一方面置溢出中断请求标志 TF0/TF1 为 1,向 CPU 请求中断,同时又将 TH0/TH1 的内容送入 TL0/TL1,使 T0/T1 从初值开始重新加 1 计数。因此 T0/T1 工作于方式 2 时,定时精度高,但定时时间范围小。当 TMOD 的 C/T=1 时对 T0/T1 外部脉冲计数。

用 T0 计数器模式下实现按键计数。设置 T0 的工作方式 2 为自动恢复计数初值,计数寄存器初值设为 FFH,P3.4 引脚的每次负跳变都会触发 T0 中断,实现计数值累加,初始化程序为:

```
TMOD=0x06;
TH0=0xFF;
TL0=0xFF;
EA=1;
ET0=1;
TR0=1
```

动手做 1　硬件电路设计

　　根据设计的原理图如图 4.3.2 所示。该项目选用一位共阳极数码管用于显示计数,用按键模拟检测矿泉水数量,继电器控制直流电机模拟打包动作。根据原理图填写表 4.3.1 元件清单。

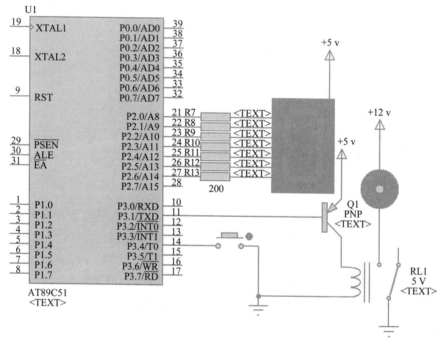

图 4.3.2　自动生产线装箱原理图

表 4.3.1　自动生产线装箱元件清单

元件名称	参数	数量	元件名称	参数	数量

动手做 2　编程与仿真

T0 方式 2 计数器模式计按键次数,数码管显示。满 6 次电机模拟打包,打包完成后数码管显示归 0,具体程序如下:

```
#include<reg51.h>
unsigned
display[]={0xc0,0xf9,0xa4,0xb0,0x99,0x92,0x82,0xf8,0x80,0x90};
void  delay()
{
  int i,time=600;
  while(time——)
    for(i=500;i>0;i——);
}
void  counter0()interrupt 1
{
  P2=display[6];
  P3=0;
  delay();
  P3=0xff;
}
void  main()
{
  TMOD=0x06;
  TL0=250;
  TH0=250;
  TR0=1;
  ET0=1;EA=1;
  while(1)
  {
    P2=display[TL0-250];
```

```
        }
    }
```

从 Proteus 中选取如下元件：AT89C51、RES、RELAY、PNP、MOTOR、BUTTON、7SEG-COM-AN-GRN，放置元件、电源和地，设置参数，连线，将目标代码文件加载到 AT89C51 单片机中，自动生产线装箱显示的仿真图，如图 4.3.3 所示。

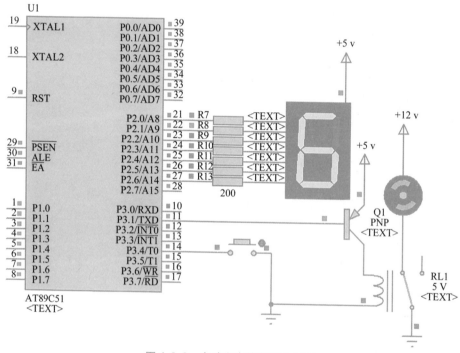

图 4.3.3　自动生产线装箱仿真图

任务 4　直流电机 PWM 调速

任务要求　利用单片机定时器产生一个占空比可调的 PWM 方波，通过调整 PWM 脉冲的占空比控制电机的转动速度

跟我学 1　　**直流电机控制**

1. PWM 技术

脉冲宽度调制技术 PWM(Pulse Width Modulation)是靠改变脉冲宽度来控制输出电压,改变周期来控制其输出频率。而输出频率的变化可通过改变此脉冲的调制周期来实现。使调压和调频两个作用配合一致,且于中间直流环节无关,因而加快了调节速度,改善了动态性能。由于输出等幅脉冲只需恒定直流电源供电,可用不可控整流器取代相控整流器,大大改善了电网侧的功率因数。PWM 控制技术在逆变电路中应用最广。PWM 控制技术正是因在逆变电路中的应用,才确定了在电力电子技术中的重要地位。

占空比是 PWM 信号脉冲高电平保持的时间与该 PWM 信号脉冲周期的时间之比。例如,一个 PWM 的频率是 1 000 Hz,那么它的时钟周期就是 1 ms,就是 1 000 μs。如果高电平出现的时间是 200 μs,那么低电平的时间肯定是 800 μs,那么占空比就是 200∶1 000,即 1∶5。

2. PWM 调速原理

直流电动机转速为

$$n = \frac{U - IR}{K\Phi},$$

式中,U 是电枢端电压;I 是电枢电流;R 是电枢电路总电阻;Φ 是每极磁通量;K 是电动机结构参数。

直流电动机转速的控制方法可分为两种:控制励磁磁通的励磁控制法和控制电枢电压的电枢控制法,大多数应用场合使用电枢控制法。对电动机的驱动离不开半导体功率器件。对直流电动机电枢电压的控制和驱动又分为两种方式:线性放大驱动方式和开关驱动方式,绝大多数直流电机采用开关驱动方式。开关驱动方式就是使半导体功率器件工作在开关状态,通过脉宽调制 PWM 来控制电动机电枢电压实现调速。

利用开关管对直流电动机进行 PWM 调速,控制主要取决于占空比。占空比 α 的变化范围为 $0 \leqslant \alpha \leqslant 1$。当电源电压 U_s 不变时,电枢两端电压的平均值 U_0 取决于占空比 α 的大小,改变 α 的值就可以改变电枢绕组两端电压的平均值,从而达到调速的目的。

3. 改变占空比的方法

PWM 调速波形图,如图 4.4.1 所示,改变占空比 α 有 3 种方法。

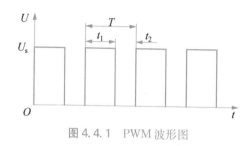

图 4.4.1　PWM 波形图

（1）定宽调频法　保持 t_1 不变,只改变 t_2,使周期 T（或频率）也随之改变。

（2）调宽调频法　保持 t_2 不变,只改变 t_1,使周期 T（或频率）也随之改变。

（3）定频调宽法　使周期 T（或频率）不变,而同时改变 t_1 和 t_2。

4. 电动机驱动芯片 L298

单片机的 I/O 端口驱动能力有限,往往不能提供足够大的功率去驱动电机,必须要外加驱动电路。L298 是 SGS 公司（意法半导体公司）的一款为控制和驱动电机设计的推挽式功率放大专用集成电路器件。该芯片内部有 4 通道逻辑驱动电路、具有两套 H 桥电路,该芯片有两个 TTL/CMOS 兼容电平的输入,具有良好的抗干扰性能;4 个输出端具有较大的电流驱动能力,可以方便地驱动两个直流电动机或一个两相步进电动机。

L298 操作电源电压可达 46 V,总输出电流可达 4 A,具有过热保护,TTL 电平驱动,具有输出电流反馈和过载保护。

L298 有 15 引脚的 Multiwatt（多疏型式）封装和 20 引脚的 PowerSO（密集中式）封装两种形式,外形如图 4.4.2 所示,引脚分布如图 4.4.3 所示。

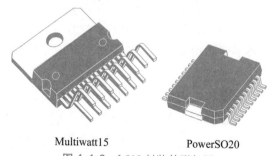

Multiwatt15　　　　　　PowerSO20

图 4.4.2　L298 封装外形如图

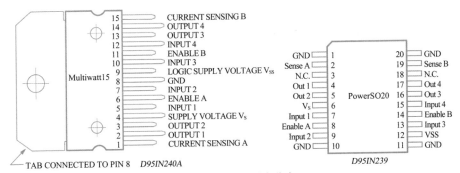

图 4.4.3 L298 引脚分布

在设计中,Multiwatt 封装形式最为常用,这种封装形式采用了散热片,芯片具有良好的散热效果。L298 的各引脚功能,见表 4.4.1。

表 4.4.1 L298 引脚功能

引脚名	Multiwatt 封装	PowerSO 封装	功能
Sense A;Sense B	1,1	2,19	H 桥电流反馈,不用时接地
Out 1;Out 2	2,3	4,5	输出
V_s	4	6	驱动电压
Input 1;Input 2	5,7	7,9	输入
Enable A;Enable B	6,11	8,14	使能端,低电平禁止输出
GND	8	1,10,11,20	地
VSS	9	12	逻辑电源
Input 3;Input 4	10,12	13,15	输入
Out 3;Out 4	13,14	16,17	输出
N. C.		3,18	无连接

动手做 1　硬件电路设计

原理图如图 4.4.4 所示,主要包括单片机最小系统、L298 控制直流电机模块、加减速等级显示模块、正反转指示模块和功能键控制模块。利用 51 单片机的中断技术和定时/计数器技术,产生可调占空比的 PWM 脉冲,控制直流电机的运行,利用 L298 集成电路驱动直流电机。51 单片机 P3.0 口功能键控制直流电机正反转,P3.2 口功能键控制直流电机加速,P3.3 口功能键控制直流电机减速。51 单片机 P0 和 P2 口接静态数码管显示调速等级(1～20 级),P3.6 和 P3.7 接 L298 后与直流电机相连,P1.0 接红色发光二极管指示电机反转,P1.1 接绿色发光二极管指示电机正转。根据原理图填写表 4.4.2 元件清单。

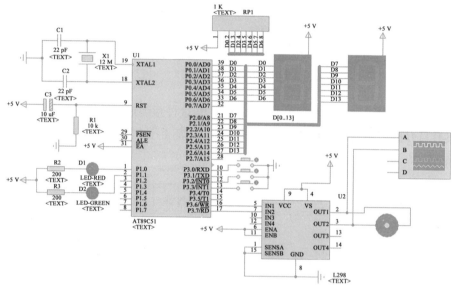

图 4.4.4　PWM 直流电机控制原理图

表 4.4.2　PWM 直流电机控制元件清单

元件名称	参数	数量	元件名称	参数	数量

动手做 2 编程与仿真

很多单片机都有内置 PWM 模块,因此,单片机的 PWM 控制技术可以用内置 PWM 模块实现,也可以用单片机的其他资源,由软件模拟实现,还可以通过外置硬件电路来实现。由于 51 单片机内部没有 PWM 模块,因此本设计采用软件模拟法,利用单片机的 I/O 引脚,通过软件对该引脚不断地输出高低电平来实现 PWM 波输出。这种方法简单实用,缺点是占用 CPU 的大量时间。当输出脉冲的频率一定时,输出脉冲的占空比越大,其高电平持续的时间越长。

利用单片机定时器 T0 产生一个周期为 4 ms(频率为 250 Hz)、占空比可调的 PWM 脉冲。外中断 0 工作于边沿触发方式,响应加速按键,每按一下加速按键,计数值加 1,PWM 占空比增加;外中断 1 工作于边沿触发方式,响应减速按键,每按一下减速按键,计数值减 1,PWM 占空比的降低;反转按键按下正转,抬起反转。本程序采用模块化设计,主要包括主程序模块、产生 PWM 脉冲模块、外中断按键扫描模块。具体程序如下:

```
#include<reg51.h>                    //头文件定义了
sbit KEY=P3^0;                        //电机的正反转键
sbit MOTOR1=P3^6;                      //电机输入端
sbit MOTOR2=P3^7;                      //电机输入端
unsigned char PWMH=10;                 //高电平脉冲的个数
unsigned char COUNTER;
bit SPEED;               //PWM 波输出

unsigned char DISPLAY[]={0xc0,0xf9,0xa4,0xb0,
    0x99,0x92,0x82,0xf8,0x80,0x90};

void   INTT0()interrupt 1      //每 200 μs 溢出一次
{
    COUNTER++;
    if(COUNTER<=PWMH)      SPEED=1; //产生 PWM 波的高电平
    else{SPEED=0;}                     //产生 PWM 波变为低电平
    if(COUNTER==20)COUNTER=0;
```

```
}

void int_0()interrupt 0   //外中断 0   加速
{
   if(PWMH<20)PWMH++;
}

void int_1()interrupt 2   //外中断 1   减速
{
   if(PWMH>0)PWMH--;
}


void main()
{

    TMOD=0x02;          //T0 在模式 2 下工作
    TL0=0x38;           //每 200 μs 产生一次溢出
    TH0=0x38;
    EA=1;
    ET0=1;TR0=1;
    EX0=1;IT0=1;
    EX1=1;IT1=1;
    while(1)
    {
      P0=DISPLAY[PWMH/10];
      P2=DISPLAY[PWMH%10];
      if(KEY==0)
      {
        MOTOR1=SPEED;
        MOTOR2=0;
```

```
        P1=0x0d;
        }


    if(KEY!=0)
    {
        MOTOR2=SPEED;
        MOTOR1=0;
        P1=0x0e;
    }
    }
}
```

从 Proteus 中选取如下元件：AT89C51、RES、BUTTON、CRYSTAL、CAP、CAP-ELEC、LED-RED、LED-GREEN、RESPACK8、MOTOR、BUTTON、7SEG-COM-AN-GRN、L298，放置元件、电源和地，设置参数，连线，将目标代码文件加载到 AT89C51 单片机中，PWM 直流电机控制显示的仿真图，如图 4.4.5 所示。

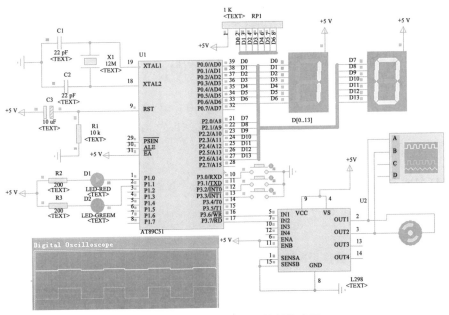

图 4.4.5　PWM 直流电机控制仿真图

串行通信技术应用

通过利用单片机串行通信技术,实现单片机与单片机之间的通信和单片机与 PC 机之间的通信技术。

知识点

(1) 通信基础知识。

(2) 串行结构及工作方式。

(3) 串行通信过程。

(4) 单片机串行通信硬件组成。

(5) 查询方式与中断方式串行通信程序设计。

任务 1   两个单片机之间通信

任务要求   两个单片机之间串行通信,实现一个单片机输入按键,另一个单片机对应的发光二极管亮。

跟我学 1   通信基础

1. 数据通信

计算机的 CPU 与外部设备或者两台计算机之间常常要交换信息,所有这些信息交换均可称为通信。通信方式有两种,即并行通信和串行通信。

　　并行通信是指数据的各位同时传送的通信方式,数据有多少位,就需要多少根线传送。并行通信速度快,传输线多,适合于近距离的数据通信,但硬件接线成本高线。并行通讯示意图,如图 5.1.1 所示。

　　串行通信是指数据一位一位按顺序传送的通信方式。只需要一对传输线,传输线少,硬件成本低,串行通信速度慢,但适合于长距离数据传输。串行通信示意图,如图 5.1.2 所示。

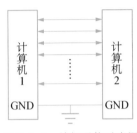

图 5.1.1　并行通信示意图　　图 5.1.2　串行通信示意图

2. 串行通信的分类

　　串行数据传送又分为异步传送和同步传送两种方式。单片机中,主要使用异步传送方式。

　　异步通信数据是一帧一帧(包含一个字符代码或一字节数据)传送的,每一串行帧的数据格式如图 5.1.3 所示。字符帧由发送端一帧一帧地发送,通过传输线,接收设备一帧一帧地接收。发送端和接收端可以有各自的时钟来控制数据的发送和接收,这两个时钟源彼此独立,互不同步。

　　异步通信的另一个重要指标为波特率。波特率为每秒钟传送二进制数码的位数,也叫比特数,单位为 b/s,即位/秒。波特率用于表征数据传输的速度,波特率越高,数据传输速度越快。通常,异步通信的波特率为 50～9 600 b/s。

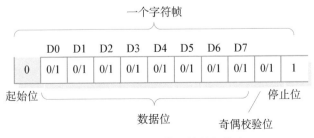

图 5.1.3　异步通信一帧数据格式

在帧格式中,一个字符由4个部分组成:起始位、数据位、奇偶校验位和停止位。首先是一个起始位0,然后是5～8个数据位(规定低位在前,高位在后),接下来是奇偶校验位(可省略),最后是停止位1。

起始位0信号只占用一位,用来通知接收设备一个待接收的字符开始到来。线路不传送字符时,应保持为1。接收端不断检测线路的状态,若连续为1,以后测到一个0,则可知发来一个新字符,应马上准备接收。字符的起始位还被用作同步接收端的时钟,以保证以后的接收正确。

起始位后面紧接着是数据位,它可以是5位(D0～D4)、6位、7位或8位(D0～D7)。

奇偶校验位(D8)只占一位,但在字符中也可以规定不同奇偶校验位,则这一位就可省去。也可用这一位(1/0)来确定这一帧中的字符所代表信息的性质(地址/数据等)。

停止位用来表征字符的结束,它一定是高位(逻辑1)。停止位可以是1位、1.5位或2位。接收端接收到停止位后,知道上一字符已传送完毕,同时也为接收下一字符做好准备——只要再收到0就是新的字符的起始位置。若停止位以后不是紧接着传送下一字符,则让线路上保持为1。如果两个字符间有空闲,空闲为1,线路处于等待状态。存在空闲位正是异步通信的特征之一。

3. 串行通信的数据传送形式

(1) 单工形式　单工形式的数据传送是单向的。通信双方中一方固定为发送端,另一方则固定为接收端。单工形式的串行通信,只需要一条数据线。例如,计算机与打印机之间的串行通信就是单工形式,因为只能由计算机向打印机传送数据,而不可能相反的数据传送,如图5.1.4所示。

(2) 全双工形式　全双工形式的数据传送是双向的,且可以同时发送和接收数据,因此全双工形式的串行通信需要两条数据线,如图5.1.5所示。

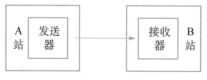

图5.1.4　单工形式的数据传送

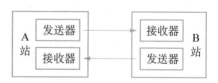

图5.1.5　全双工形式的数据传送

(3) 半双工形式　半双工形式的数据传送也是双向的。但任何时刻只能由其中的一方发送数据,另一方接收数据。因此,半双工形式既可以使用一条数据线,也可以使用两条数据线,如图 5.1.6 所示。

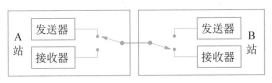

图 5.1.6 半双工形式的数据传送

跟我学 2 **单片机串行接口**

MCS-51 系列单片机串行口的基本结构,如图 5.1.7 所示。单片机通过引脚 RXD(P3.0,串行数据接收端)和引脚 TXD(P3.1,串行数据发送端)与外界通信。单片机内部有一个串行接口,是一个可编程的全双工(能同时进行发送和接收)通信接口,具有 UART(Universal asynchronous receiver transmitter,通用异步接收和发送器)的全部功能。该串行接口电路主要由串行口控制寄存器 SCON、发送和接收电路等 3 部分组成。

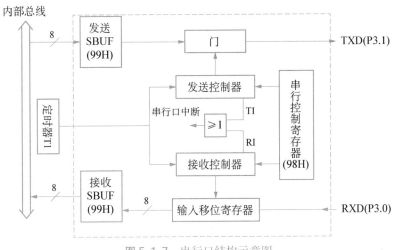

图 5.1.7 串行口结构示意图

1. 数据缓冲器 SBUF

在物理上有两个 SBUB,一个发送寄存器 SBUF、一个接收寄存器 SBUF,两者共用一个地址 99H 和相同的名称 SBUF。一个只能被 CPU 读,一个只能被 CPU 写。发送时,CPU 写入的是发送 SBUF;接收时,读取的是接收 SBUF。接收寄存器是双缓冲的,以避免在接收下一帧数据之前,CPU 未能及时响应接收器的中断,没有把上一帧数据读走,而产生两帧数据重叠的问题。C 语言编程如下:

```
SBUF＝send[i];      //发送第 i 个数据
buffer[i]＝SBUF;    //接收数据
```

2. 控制寄存器 SCON

SCON 是 MCS‑51 系列单片机的一个可位寻址的专用寄存器,用于串行数据通信的控制。单元地址 98H,位地址 9FH～98H。寄存器内容及位地址如下:

位符号	SM0	SM1	SM2	REN	TB8	RB8	TI	RI
位地址	9FH	9EH	9DH	9CH	9BH	9AH	99H	98H

(1) RI 串行口接收中断请求标志位。当串行口每接收完一帧数据,由硬件自动将 RI 置为 1。而 RI 位的清 0 必须由用户用指令来完成。串口初始化时,该位清 0。

C 语言等待接收完毕指令是:while(RI＝＝0);RI 位的清 0 指令是:RI＝0;

(2) TI 串行口发送中断请求标志位。当串行口每发送完一帧数据,由硬件自动将 TI 置为 1。而 TI 位的清 0 也必须由用户用指令来完成。串口初始化时,该位清 0。

C 语言等待发送完毕指令是:while(TI＝＝0);TI 位的清 0 指令是:TI＝0;

(3) TB8 发送数据位第 9 位。在方式 2 和方式 3 时,TB8 是要发送的第 9 位数据。在多机通信中,以 TB8 位的状态表示主机发送的是地址还是数据:TB8＝0 为数据,TB8＝1 为地址。该位由软件置位或复位。

(4) RB8 接收数据位第 9 位。在方式 2 或方式 3 时,RB8 存放接收到的第 9 位数据,代表着接收数据的某种特征,故应根据其状态对接收数据操作。功能同 TB8。

(5) REN 允许接收位。REN 位用于对串行数据的接收控制,REN＝0 禁止接收,REN＝1 允许接收。

(6) SM2 多机通信控制位。因多机通信是在方式 2 和方式 3 下,因此 SM2 位主要用于方式 2 和方式 3。当串行口以方式 2 或方式 3 接收时,且 SM2

置为1,只有当系统接收到的第一个数据帧的第9位数据(RB8)为1,才将接收到的前8位数据送入SBUF,并置位RI产生中断请求;否则,将接收到的前8位数据丢弃。而当SM2＝0时,则不论第9位数据为0还是为1,都将前8位数据装入SBUF中,并产生中断请求。在方式0时,SM2必须为0。

(7) SM0、SM1　串行口工作方式选择位,其状态组合所对应的工作方式、波特率,见表5.1.1。

表 5.1.1　串行口工作方式与波特率

SM0	SM1	工作方式	波　特　率
0	0	0	$f_{osc}/12$
0	1	1	可变(取决于T1)
1	0	2	$f_{osc}(2 \wedge SMOD/64)$
1	1	3	可变(取决于T1)

3. 电源控制寄存器PCON

SMOD	×	×	×	T GF1	GF0	PD	IDL

PCON主要是为51系列单片机的电源控制而设置的专用寄存器,字节地址为87H,不可位寻址,除了最高位以外其他位都是虚设的。与串行通信有关的只有SMOD位,SMOD为波特率选择位。在方式1、2和3时,串行通信的波特率与SMOD有关。当SMOD＝1时,通信波特率乘2;当SMOD＝0时,波特率不变。

跟我学3　串行口工作方式

1. 方式0

在方式0下,串行口作同步移位寄存器使用,其波特率固定为$f_{osc}/12$。串行数据从RXD(P3.0)端输入或输出,同步移位脉冲由TXD(P3.1)送出。这种方式通常用于扩展I/O口。控制寄存器SCON设置如下:

方式0时,SM0、SM1＝00;方式0时,SM2必须为0:SM2＝0;接收时,REN＝1允许接收;方式0为8位数据,TB8、RB8＝00;发送中断标志TI＝0;接收中断标志RI＝0。

故

发送操作控制字　（SCON）＝00000000B＝0x00

接收操作控制字　（SCON）＝00010000B＝0x10

（1）发送操作　SBUF 中的串行数据由 RXD 逐位移出；TXD 输出移位时钟，频率＝f_{osc}/12；每送出 8 位数据，TI 就自动置 1，必须用软件清零 TI。串行口扩展输出口如图 5.1.8 所示，数据从串行口 RXD 端在移位时钟脉冲（TXD）的控制下逐位移入 74LS164。当 8 位数据全部移出后，SCON 寄存器的 TI 位被自动置 1。其后，74LS164 的内容即可并行输出。

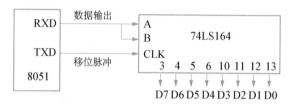

图 5.1.8　串行口扩展输出口

其发送程序如下：

```
SCON=0x00;          //设串行口方式 0
SBUF=0x55;          //送显示数据
TI=0;
while(!TI);         //等待发送完毕
```

（2）接收操作　串行数据由 RXD 逐位移入 SBUF 中；TXD 输出移位时钟，频率＝f_{osc}/12；每接收 8 位数据，RI 就自动置 1，必须用软件清零 RI。串行口扩展输入口如图 5.1.9 所示，74LS165 移出的串行数据同样经 RXD 端串行输入，还是由 TXD 端提供移位时钟脉冲。8 位数据串行接收需要有允许接收的控制，具体由 SCON 寄存器的 REN 位实现。REN＝0，禁止接收；REN＝1，允许接收。

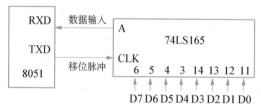

图 5.1.9　串行口扩展输入口

当软件置位 REN 时,即开始从 RXD 端以 $f_{osc}/12$ 波特率输入数据(低位在前);当接收到 8 位数据时,置位中断标志 RI。

其接收程序如下:

```
SCON=0x10;          //设串行口工作方式 0 并允许接收
while(RI==0);       //查询接收标志
RI=0;               //RI 清零
buffer=SBUF;        //接收数据
```

2. 方式 1

方式 1、方式 2、方式 3 均为全双工方式,串行数据经 TXD(P3.1)端发送给外设,而外设发出的串行数据由 RXD(P3.0)端接收,发送和接收可同时进行。

当 SM0=0,SM1=1 时,串行口工作在方式 1。串行口为 10 位异步通信方式。方式 1 多用于两个单片机(双机)之间或单片机与外设电路间的通信。字符帧除 8 位数据位外,还有一位起始位(0)和一位停止位(1),如图 5.1.10 所示。

图 5.1.10 方式 1 下 10 位帧格式

发送时,数据写入发送缓冲器 SBUF 后,启动发送器发送,数据从 TXD 输出。当发送完一帧数据后,置中断标志 TI 为 1。方式 1 下的波特率取决于定时器 1 的溢出率和 PCON 中的 SMOD 位。

接收时,REN 置 1,允许接收,串行口采样 RXD。当采样由 1 到 0 跳变时,确认是起始位 0,开始接收一帧数据。当 RI=0,且停止位为 1 或 SM2=0 时,停止位进入 RB8 位,同时置中断标志 RI;否则,信息将丢失。所以,采用方式 1 接收时,应先用软件清除 RI 或 SM2 标志。

方式 1 的波特率是可变的,由定时器 1 的计数溢出率来决定,其公式为

$$波特率 = \frac{2^{smod}}{32} \times (定时器 1 溢出率)。$$

当定时器 1 作波特率发生器使用时,通常选用工作模式 2(8 位自动加载)。则波特率计算公式为

$$波特率 = \frac{2^{\text{smod}}}{32} \times \frac{f_{\text{osc}}}{12 \times (256 - X)}。$$

定时器 T1 工作在定时方式 1 下串口常用波特率与 T1 的参数关系见表 5.1.2。

表 5.1.2　T1 工作在定时方式 1 下串口常用波特率与 T1 的参数关系表

串口工作方式	串口波特率	外部晶振	SMOD	定时器 T1		
				C/T	工作方式	初始值
方式 1 3	19 200	11.059 2	1	0	2	0xfd
	9 600	11.059 2	0	0	2	0xfd
	4 800	11.059 2	0	0	2	0xfa
	2 400	11.059 2	0	0	2	0xf4

也可以从网上下载一个波特率计算器小软件来计算初始值,定时器初值设置软件计算界面,如图 5.1.11 所示。

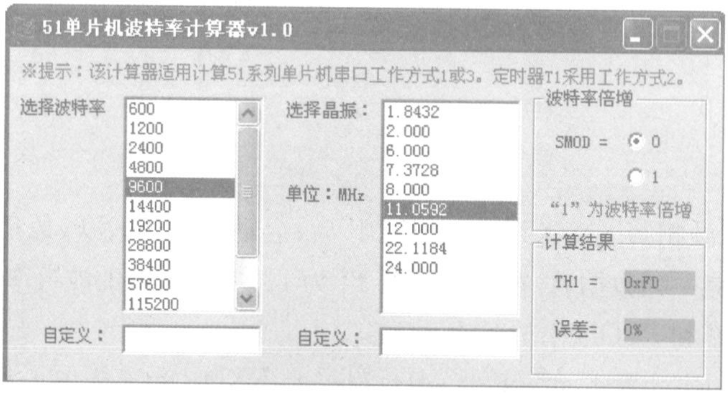

图 5.1.11　波特率计算界面

外部晶振 11.059 2 设置串口方式 1 下波特率为 9 600 的初始化程序为:

```
TMOD=0X20;
SCON=0X50;
PCON=0X00;
```

```
TH1=0XFD;
TL1=0XFD;
TR1=1;
```

3. 方式2

方式2是11位为一帧的串行通信方式,即1个起始位、8个数据位、1个奇偶校验位和1个停止位,如图5.1.12所示。

图 5.1.12　方式 2 下 11 位帧格式

发送时,先根据通信协议由软件设置 TB8,然后将要发送的数据写入 SBUF,启动发送。写 SBUF 的语句,除了将 8 位数据送入 SBUF 外,同时还将 TB8 装入发送移位寄存器的第 9 位,并通知发送控制器发送一次,一帧信息即从 TXD 发送。在送完一帧信息后,TI 被自动置 1,在发送下一帧信息之前,TI 必须在中断服务程序或查询程序中清 0。

当 REN=1 时,允许串行口接收数据。当接收器采样到 RXD 端的负跳变,并判断起始位有效后,数据由 RXD 端输入,开始接收一帧信息。当接收器接收到第 9 位数据后,若同时满足以下两个条件:RI=0 和 SM2=0 或接收到的第 9 位数据为 1,则接收数据有效,将 8 位数据送入 SBUF,第 9 位送入 RB8,并置 RI=1。若不满足上述两个条件,则信息丢失。

要获取发送奇偶标志位,需先把要发送的数据传送到累加器 A 中,以获得奇偶标志位 P 的值;否则,得不到 P 的值。获取发送奇偶标志位程序如下:

```
ACC=sdata;
TB8=P;
```

接收奇偶标志位判定程序如下:

```
ACC=SBUF;
if(P!=RB8)      error();    //如果 P 不等于 RB8 的值则出错
else    sdata=ACC;
```

4. 方式 3

方式 3 同样是 11 位为一帧的串行通信方式,其通信过程与方式 2 完全相同,所不同的仅在于波特率。方式 2 的波特率只在固定的两种,而方式 3 的波特率则可由用户根据需要设定。其设定方法与方式 1 一样,即通过设置定时器 1 的初值设定波特率。

跟我学 4　　**串行口查询方式编程**

1. 查询方式发送过程

(1)串口初始化　设置工作方式(帧格式),设置波特率(传输速率),启动波特率发生器(T1)。

```
TMOD=0x20;          //定时器 T1 工作于方式 2
TL1=0xf4;             //波特率为 2 400 bps
TH1=0xf4;
TR1=1;
SCON=0x40;          //定义串行口工作于方式 1
```

(2)发送数据　将要发送的数据送入 SBUF,即可启动发送。此时,串口自动按帧格式将 SBUF 中的数据组装为数据帧,并在波特率发生器的控制下将数据帧逐位发送到 TXD 端(最低位先发)。当发送完一帧数据后,单片机内部自动置中断标志 TI 为 1。

```
SBUF=send[i];
```

(3)判断一帧是否发送完毕　判断 TI 是否为 1,是表示发送完毕,可以继续发送下一帧;否则,继续判断直至发送结束。

```
while(TI==0);//查询等待发送是否完成
```

(4)清零发送标志位 TI　由软件清"0"。

TI＝0;　　　　　　　//发送完成,TI 由软件清 0

跳转到(2),继续发送下一帧数据。

2. 查询方式接收过程

(1) 串口初始化　设置工作方式(帧格式),设置波特率(传输速率),启动波特率发生器(T1)。值得注意的是,发送方和接收方的初始化必须一致。

(2) 允许接收　置位 SCON 寄存器的 REN 位。此时串行口采样 RXD,当采样到由 1 到 0 跳变时,确认是起始位 0,开始在波特率发生器的控制下将 RXD端接收的数据逐位送入 SBUF。一帧数据接收完毕后单片机内部自动置中断标志 RI 为 1。

REN＝1;　　　　　　//接收允许

(3) 判断是否接收到一帧数据　判断 RI 是否为 1,是则表示接收完毕,接收到的数据已存入 SBUF;否则,继续判断直至一帧数据接收完毕。

while(RI＝＝0);　//查询等待接收标志为 1,表示接收到数据

(4) 清零接收标志位 RI　由软件清"0"。

RI＝0;　　　　　　　　　//RI 由软件清 0

(5) 转存数据　读取 SBUF 中的数据,并转存到存储器中。

buffer[i]＝SBUF;　　　　　　//接收数据

跳转到(2),继续接收下一帧数据。

动手做 1　**硬件电路设计**

如果两个单片机子系统在同一个电路板上或同处于一个机箱内,只要将两个单片机的 TXD 和 RXD 引出线交叉相连即可。如果两个系统不在同一个机箱内,且相距有一定距离(几米或几十米),要采用串行通信标准接口 RS‐232C连接。由于 RS‐232C 采用负逻辑电平,规定－3～－15 V 为逻辑 1,＋3～＋15 V 为逻辑 0。它与单片机的 TTL 电平不兼容,为了实现与 TTL 电路的连

接,需要外加电平转换电路(如 MAX232)。

单片机 1 作接收端,接收到的数据通过发光二极管显示,单片机 2 作发送端,发送按键编码到单片机 1,单片机 2 按键按下对应单片机 1 的发光二极管亮。

将两个单片机的 TXD 和 RXD 引出线交叉相连,两个单片机串行通信电路如图 5.1.13 所示。根据电路图,填写表 5.1.3 元件清单。

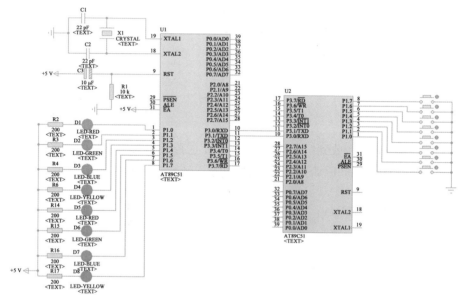

图 5.1.13　两个单片机串行通信电路图

表 5.1.3　两个单片机串行通信元件清单

元件名称	参数	数量	元件名称	参数	数量

动手做2 编程与仿真

两个单片机外部晶振都是 11.059 2 MHz，串口通讯波特率 9 600，设置串口方式 1 下通讯。发送端程序如下：

```
#include〈reg51.h〉

void main()
{
    TMOD=0X20;
    SCON=0X50;
    PCON=0X00;
    TH1=0XFD;
    TL1=0XFD;
    TR1=1;
    while(1)
    {
        if(P1!=0xFF)
        {
            SBUF=P1;
            while(TI==0);
            TI=0;
            while(P1!=0xFF);
        }
    }
}
```

接收端程序如下：

```
#include〈reg51.h〉

void main()
{
```

```
    TMOD=0X20;
    SCON=0X50;
    PCON=0X00;
    TH1=0XFD;
    TL1=0XFD;
    TR1=1;
    while(1)
    {
        while(RI==0);
        RI=0;
        P1=SBUF;
    }
}
```

从 Proteus 中选取如下元件：AT89C51、RES、BUTTON、LED-GREEN，放置元件、电源和地，设置参数，连线，分别将目标代码文件加载到单片机 1 和单片机 2 中。两个单片机串口通信的仿真图，如图 5.1.14 所示。

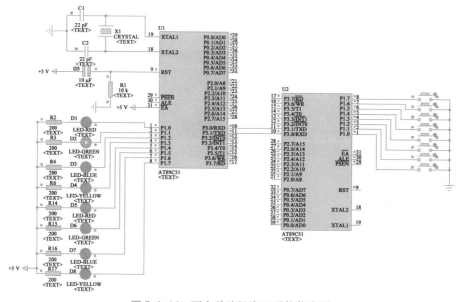

图 5.1.14　两个单片机串口通信仿真图

任务 2　PC 与单片机之间通信

任务要求　实现用 PC 机作为控制主机,单片机为从机。主机发送数据后从机接收,从机接收后发送数据给 PC 机,单片机并通过发光二极管显示接收数据状态。

跟我学 1　串行通信接口标准 RS‒232C

RS‒232C 是由美国电子工业协会(EIA)正式公布的,是在异步串行通信中应用最广泛的标准总线(C 表示此标准修改 3 次)。它包括按位串行传输的电气和机械方面的规定,适用于短距离或带调制解调器的通信场合。实现计算机与计算机、计算机与外设间的串行通信的标准通信接口。EIA 公布的 RS‒422、RS‒423 和 RS‒485 串行总线接口标准,提高了数据传输率和通信距离。

RS‒232C 定义的是数据终端设备(DTE)与数据通信设备(DCE)之间的接口标准。它规定了接口的机械特性、功能特性和电气特性等几个方面。

1. 机械特性

RS‒232C 采用 DB‒25 型 25 针连接器,连接器的尺寸及每个插针的排列都有明确的定义。一般用不到 RS‒232C 定义的全部信号,常采用 9 针连接器替代 25 针连接器。9 针连接器引脚定义,如图 5.2.1 所示。图中公头定义

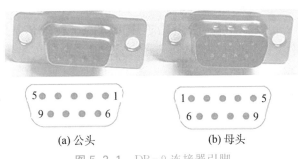

(a) 公头　　　　　　　(b) 母头

图 5.2.1　DB‒9 连接器引脚

通常应用于计算机侧,对应的母头用于连接线则。引脚定义见表 5.2.1。

表 5.2.1 DB-9 连接器引脚定义

引脚	名称	功能	引脚	名称	功能
1	DCD	数据载波检测	6	DSR	数据准备好
2	RXD	接收数据	7	RST	请求发送
3	TXD	发送数据	8	CTS	清除发送
4	DTR	数据终端准备	9	RI	振铃指示
5	GND	信号地			

2. 电气特性

RS-232C 的电气标准采用下面的负逻辑。逻辑 0:+5～+15 V;逻辑 1:-5～-15 V。因此,RS-232C 不能和 TTL 电平直接相连,否则将使 TTL 电路烧坏。在实际应用中,RS-232C 和 TTL 电平之间必须进行电平转换,该电平的转换可采用德州仪器公司(TI)推出的电平转换集成电路 MAX232。

跟我学 2 MAX232

单片机输入、输出电平为 TTL 电平,而 PC 机配置的是 RS-232C 标准接口,两者的电气规范不同,所以要加电平转换电路。常用的有 MC1488、MC1489 和 MAX232。

MAX232 芯片是 MAXIM 公司生产的、包含两路接收器和驱动器的 IC 芯片,适用于各种 EIA-232C 和 V.28/V.24 的通信接口。MAX232 芯片内部有一个电源电压变换器,可以把输入的+5 V 电源电压变换成为 RS-232C 输出电平所需的+10 V 电压。所以,采用此芯片接口的串行通信系统只需单一的+5 V 电源就可以了。没有+12 V 电源的场合,其适应性更强。加之其价格适中,硬件接口简单,所以被广泛采用。

MAX232 芯片的引脚结构如图 5.2.2 所示。MAX232 芯片的典型工作电路如图 5.2.3 所示。

上半部分电容 C1、C2、C3、C4 及 V+、V-是电源变换电路部分。在实际

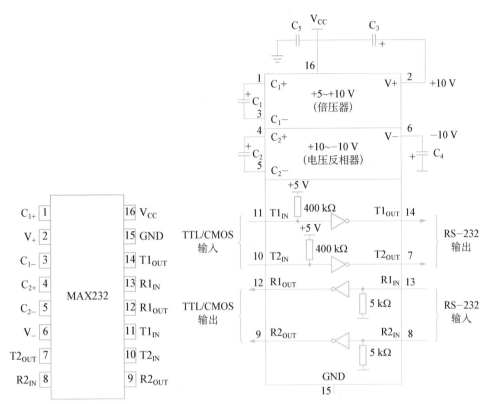

图 5.2.2　MAX232 芯片的引脚结构　　　图 5.2.3　MAX232 芯片的典型工作电路图

应用中,器件对电源噪声很敏感。因此,V_{CC} 必须要对地加去耦电容 C5,其值为 0.1 μF。电容 C1~C4 取同样数值的钽电解电容 1.0 μF/16 V,用以提高抗干扰能力,在连接时必须尽量靠近器件。下半部分为发送和接收部分。实际应用中,T1IN、T2IN 可直接接 TTL/CMOS 电平的单片机的串行发送端 TXD;R1OUT,R2OUT 可直接接 TTL/CMOS 电平的单片机的串行接收端 RXD;T1OUT、T2OUT 可直接接 RS-232 串口的接收端 RXD;R1IN、R2IN 可直接接 RS-232 串口的发送端 TXD。

　　采用 MAX232 芯片接口实现单片机与 PC 机的 RS-232C 标准串行通信接口图,如图 5.2.4 所示。在 MAX232C 芯片中,从两路发送接收中任选一路作为接口。注意发送、接收的引脚要对应。例如,使 T1IN 接单片机的发送端 TXD,

则 PC 机的 RS232 的接收端 RXD 一定要对应接 T1OUT。同时,R1OUT 接单片机的 RXD 引脚,PC 机的 RS232 的发送端 TXD 对应接 R1IN 引脚。

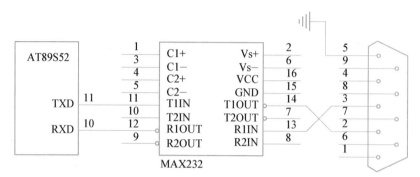

图 5.2.4 采用 MAX232C 芯片接口的 PC 机与单片机串行通信接口图

跟我学 3 **串行口中断方式编程**

51 单片机串行口中断,分为发送中断和接收中断两种。每当串行口发送或接收完一帧串行数据后,串行口电路自动将串行口控制寄存器 SCON 中的 TI、RI 中断标志位置位,并向 CPU 发出串行口中断请求,CPU 响应串行口中断后便立即转入串行口中断服务程序执行。

51 单片机串行口中断类型号是 4,其格式如下:

```
void 函数名()   interrupt 4
{
    }
```

动手做 1 **硬件电路设计**

PC 机可以与其他具有标准的 RS-232C 接口的计算机或设备进行通信,而单片机本身具有一个全双工的串行口。因此,只要配以电平转换的驱动电路、隔离电路就可组成一个简单可行的通信接口。硬件电路图如图 5.2.5 所示,图中省略了 MAX232。根据原理图填写表 5.2.2 元件清单。

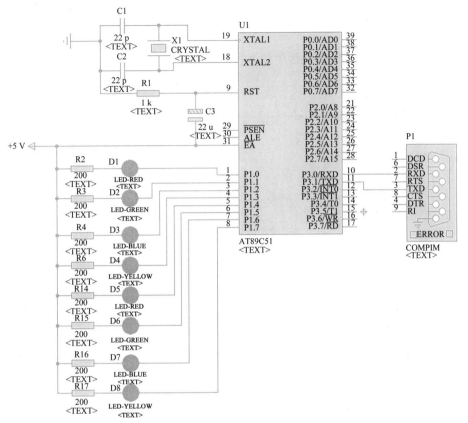

图 5.2.5 单片机 R232 接口原理图

表 5.2.2 单片机 R232 接口元件清单

元件名称	参数	数量	元件名称	参数	数量

动手做2　　编程

单片机串行口中断接收程序如下：

```
#include<reg51.h>
unsigned char buff=0xff;

void main()
{
    TMOD=0X20;
    SCON=0X50;
    PCON=0X00;
    TH1=0XFD;
    TL1=0XFD;
    ES=1;
    TR1=1;
    EA=1;
    while(1);
}

void Serial()interrupt 4
{
    while(RI==0);
    RI=0;
    buff=SBUF;
    P1=buff;
    SBUF=buff;
    while(TI==0);
    TI=0;
}
```

动手做 3　串口程序仿真调试

1. 虚拟串口的软件 VSPD 安装

从网上下载虚拟串口软件 VSPD，点击安装，安装界面如图 5.2.6 所示，点击【下一步】，完成安装。

图 5.2.6　VSPD 安装界面

2. 虚拟串口的软件 VSPD 设置

安装完成后运行软件，如图 5.2.7 所示。

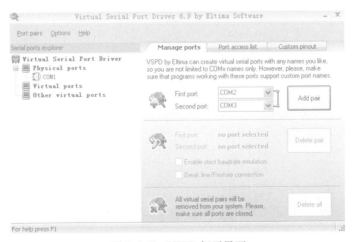

图 5.2.7　VSPD 打开界面

左边系统浏览器（System Explorer）中，COM1 是我计算机中的物理串口（Physical ports）。虚拟串口（Virtual ports）还没有配置。分别选择 COM3 和 COM4，然后点击右边的"Add pair"添加两个虚拟串口，如图 5.2.8 所示。左侧浏览框可以看到添加两个串口，如图 5.2.9 所示。退出软件。

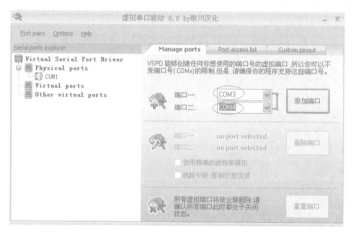

图 5.2.8　添加虚拟串口

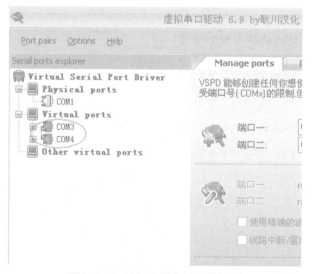

图 5.2.9　添加虚拟串口完成界面

3. 设置串口通信助手

按图 5.2.10 设置串口通信助手。

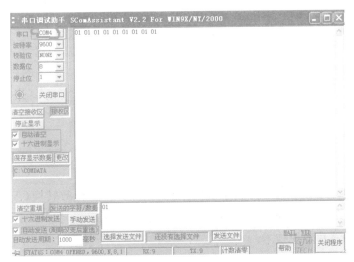

图 5.2.10　设置串口通信助手界面

4. 串口通信仿真

从 Proteus 中选取如下元件:AT89C51、RES、LED-GREEN、COMPIM,放置元件、电源和地,设置参数,连线,将目标代码文件加载到 AT89C51 单片机中。串口精灵发送窗口录入发送数据,然后运行 Proteus 仿真。仿真效果图,见图 5.2.11 所示。

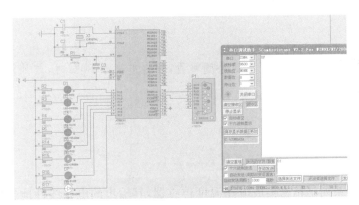

图 5.2.11　串口通信仿真图

数字信号控制系统

本项目介绍数字信号控制系统的结构,重点介绍了模数转换(A/D)和数模转换(D/A)的工作原理和应用,通过实例介绍了 ADC0809 和 DAC0832 这两种比较典型的芯片应用技术。

知识点

(1) AD 转换的工作原理与应用。

(2) DA 转换的工作原理与应用。

(3) 数字温度传感器应用。

任务 1　温控灭火器

任务要求　利用 LM35 实现温度测量,当温度高于 80℃时,单片机控制系统喷水灭火。

跟我学 1　LM35 模拟温度传感器

LM35 系列是精密集成电路温度传感器,其输出的电压线性地与摄氏温度成正比。因此,LM35 比按绝对温标校准的线性温度传感器优越得多。LM35 系列传感器生产时已经过校准,输出电压与摄氏温度一一对应,使用极为方便。

灵敏度为 $10.0\,\text{mV}/\text{℃}$，精度在 $0.4\sim0.8\text{℃}$（$-55\text{℃}+150\text{℃}$ 温度范围内），重复性好，低输出阻抗，线性输出和内部精密校准，读出或控制电路接口简单和方便。LM35 外形及封装图，如图 6.1.1 所示。

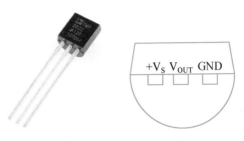

图 6.1.1　LM35 外形及封装图

LM35 有单电源和双电源两种接法。正负双电源的供电模式可提供负温度的测量；单电源模式在 25℃ 下电流约为 $50\,\text{mA}$，非常省电，本设计采用的是单电源的接法，如图 6.1.2 所示。单电源模式下，LM35 的电压与温度的关系是 $V_{\text{out}}(T)=10\,\text{mV}/\text{℃}\times T\text{℃}$。

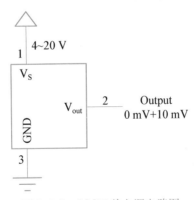

图 6.1.2　LM35 单电源电路图

跟我学 2　　A/D 转换

如果时间是连续的，信号的幅值可以是连续的也可以是离散的，则这种信号称为连续时间信号。作为连续时间信号的一种特例，如果时间是连续的，幅值也是连续的，则这种信号称为模拟信号。如果时间是离散的，幅值是连续的，则这种信号称为离散时间信号,或称为序列。如果时间是离散的,幅值是量化的,则这种信号称为数字信号。

计算机、数字通信等数字系统是处理数字信号的电路系统。然而,温度、速度、压力,电流、电压等都是连续变化的模拟量。首先将非电的模拟信号变成与之对应的模拟电信号,这要通过各种传感器来完成。而计算机可处理的信息均是数字量(电脉冲信号)1 和 0,必须把要处理的模拟电量转换成数字化的电信号,这需要模拟(analog)与数字(digital)转换电路。因此,需要一种接口电路将模拟信号转换为数字信号。A/D 转换器正是基于这种要求应运而生的。A/D 转换器的作用是将模拟量转换为数字量,以便计算机接收处理。现在,这些转换器都已集成化,具有体积小、功能强、可靠性高、误差小、功耗低等特点,并能很方便地与单片机连接。

A/D 转换器具有 3 个基本功能:采样、量化和编码。如何实现这 3 个功能,决定于 A/D 转换器的电路结构和工作性能。A/D 转换器的类型很多,按转换原理常规可分为 4 种:计数式、双积分式、逐次逼近式及并行式 A/D 转换器,常用的 A/D 转换器是逐次逼近式。逐次逼近式 A/D 转换器是一种速度较快、精度较高的转换器,其转换时间大约在几微秒到几百微秒之间。常用的这类芯片有 ADC0801~ADC0805 型 8 位 MOS 型 A/D 转换器、ADC0808/0809 型 8 位 MOS 型 A/D 转换器、ADC0816/0817 型 8 位 MOS 型 A/D 转换器。

跟我学3　ADC0809 芯片

ADC0809 是典型的 8 位 8 通道逐次逼近式 A/D 转换器,采用 CMOS 工艺制造。它由一个 8 路模拟开关、一个地址锁存译码器、一个 A/D 转换器和一个三态输出锁存器组成。ADC0809 的内部逻辑结构如图 6.1.3 所示,多路开关可选通 8 个模拟通道,允许 8 路模拟量分时输入,即可控制 8 个模拟量中的一个进入转换器中,共用 A/D 转换器进行转换。三态输出锁存器用于锁存 A/D 转换完的数字量。当 OE 端为高电平时,才可以从三态输出锁存器取走转换完的数据,由单 5 V 电源供电。

多路模拟量开关可选用 8 个模拟通道,允许 8 路模拟量分时输入,并共用一个 A/D 转换器进行转换。地址锁存与译码电路完成对 A、B、C 这 3 个地址位进行锁存和译码,其译码输出用于通道选择,见表 6.1.1。

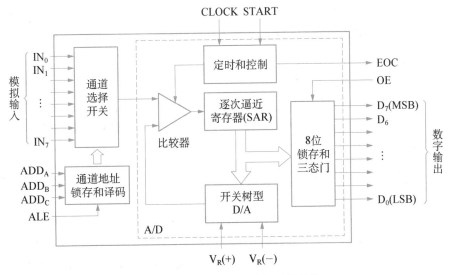

图 6.1.3 ADC0809 的内部逻辑结构

表 6.1.1 通道选择

C	B	A	选择通道	C	B	A	选择通道
0	0	0	IN_0	1	0	0	IN_4
0	0	1	IN_1	1	0	1	IN_5
0	1	0	IN_2	1	1	0	IN_6
0	1	1	IN_3	1	1	1	IN_7

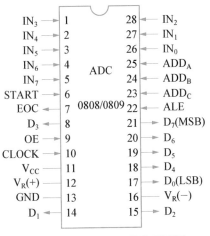

图 6.1.4 ADC0809 芯片引脚图

ADC0809 芯片 28 引脚双列直插式封装引脚排列如图 6.1.4 所示,引脚功能如下:

（1）$IN_7 \sim IN_0$ 模拟量输入通道。0809 对输入模拟量的要求主要有信号单极性、电压范围 $0 \sim 5$ V,若输入信号过小还需放大。另外,模拟量输入在 A/D 转换过程中其值不应变化。因此,变化速度快的模拟量,在输入前应增加采样保持电路。

(2) ADD_A、ADD_B、ADD_C(A、B、C)　模拟通道地址线。用于选择模拟通道,其译码关系见图 6.1.4,ADD_A 为低位地址,ADD_C 为高位地址。

(3) ALE　地址锁存信号。对应于 ALE 上跳沿时,ADD_A、ADD_B、ADD_C 地址状态送入地址锁存器中。

(4) START　转换启动信号。在 START 信号上跳沿时,所有内部寄存器清 0;在 START 信号下跳沿时,开始 A/D 转换。在 A/D 转换期间,START 信号应保持低电平。该信号可简写为 ST。

(5) $D_7 \sim D_0$　数据输出线。该数据输出线为三态缓冲输出形式,可以和单片机的数据总线直接相连。

(6) OE　输出允许信号。用于控制三态输出锁存器向单片机输出转换后得到的数据。OE=0 时,输出数据线呈高阻状态;OE=1 时,输出允许。

(7) CLOCK　时钟信号。ADC0809 的内部没有时钟电路,所需时钟信号由外界提供,通常使用频率为 500 kHz 的时钟信号。

(8) EOC　转换结束状态信号。当 EOC=0 时,表示正在转换;EOC=1 时,表示转换结束。实际使用中,该状态信号既可作为查询的状态标志,还可作为中断请求信号使用。

(9) V_{CC}　+5 V 电源。

(10) V_R　参考电压,作为逐次逼近的基准,可用来与输入的模拟信号比较。其典型值为+5 V($V_R(+)$=+5 V、$V_R(-)$=0 V)。

ADC0809 的时序图如图 6.1.5 所示,从时序图可以看出,ADC0809 的启动

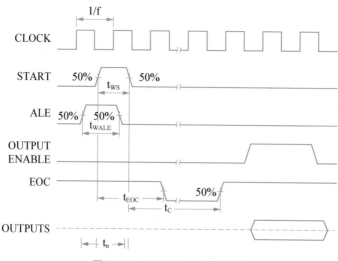

图 6.1.5　ADC0809 的时序图

信号 START 是脉冲信号。当模拟量送至某一通道后,由三位地址信号译码选择,地址信号由地址锁存允许信号 ALE 锁存。启动脉冲 START 到来后,ADC0809 开始转换。当转换完成后,输出转换信号 EOC 由低电平变为高电平有效信号。输出允许信号 OE 打开输出三态缓冲器的门,把转换结果送到数据总线上。

动手做 1 硬件电路设计

LM35 输出电压为 0～1.5 V,虽然在 ADC0809 的输入电压允许范围内,但电压信号较弱,直接进行 A/D 转换会导致数字量太小、精度低等不足。所以,在转换前先放大信号。因为 0809 的量程为 0～+5 V,而 LM35 的单电源模式输出电压为 0～1.5 V,所以放大倍数不能超过 3。当放大 2 倍时,有 0809 输出数值 $X \approx T$,可直接把 0809 输出数值作为实际温度值。单片机控制 0809 的温控灭火器电路如图 6.1.6 所示,根据电路图填写表 6.1.2 元件清单。

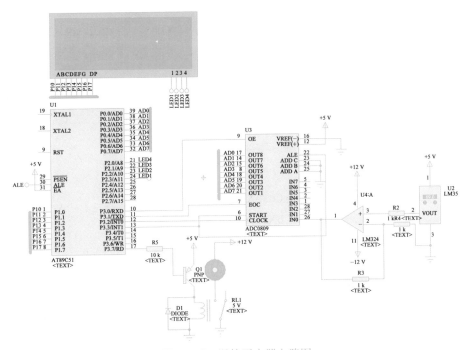

图 6.1.6 温控灭火器电路图

表 6.1.2　温控灭火器元件清单

元件名称	参数	数量	元件名称	参数	数量

动手做 2　　编程与仿真

温控灭火器的程序如下：

```
#include<reg51.h>
#include<absacc.h>
sbit OE=P3^0;
sbit EOC=P3^1;
sbit CLK=P3^2;
sbit START=P3^3;
sbit MOTOR=P3^7;


unsigned char led[]={0xC0,0XF9,0XA4,
    0XB0,0X99,0X92,0X82,0XF8,0X80,0X90};
void delayms()    //1ms
{
    TMOD=0x10;
    TH1=0xFC;   //设置定时器初值 1 ms
    TL1=0x18;
    TR1=1;   //启动 T1
    while(!TF1);      //查询计数是否溢出,即定时 1 ms 时间到,TF1=1
```

```
        TF1=0;   //1 ms定时时间到,将T1溢出标志位TF1清零
}


void display(unsigned int disp)
{
    unsigned char i;

    for(i=0;i<10;i++)
     {
        P2=0;
        P1=led[disp%10];
        P2=1;
        delayms();

        P2=0;
        P1=led[(disp%100)/10];
        P2=2;
        delayms();
        P2=0;
        P1=led[disp/100];
        P2=4;
        delayms();
     }
}
void int_t0()interrupt 1            //T0中断
{
   CLK=!CLK;
}


void   main()
{
   unsigned int value;
```

```
            TMOD=0x02;
            TL0=0x14;
            TH0=0x00;
            IE=0x82;    //开放总中断允许位
            TR0=1;
         MOTOR=1;


         START=0;
            START=1;
            START=0;                //启动转换
            while(EOC==0);    //判断转换是否结束
            OE=1;
            value=P0;        //P0口转换数字量输出
            OE=0;


         while(1)
         {
            START=0;
            START=1;
            START=0;                //启动转换
            while(EOC==0)display(value);      //判断转换是否结束
            OE=1;
            value=P0;        //P0口转换数字量输出
            OE=0;
            if(value>80)MOTOR=0;
             else   MOTOR=1;
            display(value);
         }
         }
```

从 Proteus 中选取如下元件：AT89C51、RES、7SEG-MPX4-CA、ADC0809、LM324、LM35、MOTOR、PNP、RELAY、DIODE,放置元件、电源

和地,设置参数,连线,将目标代码文件加载到 AT89C51 单片机中。温控灭火
器的仿真图,如图 6.1.7 所示。

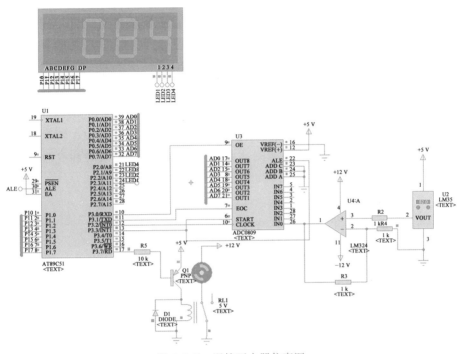

图 6.1.7　温控灭火器仿真图

任务 2　直流电机 DAC 调速

任务要求　通过控制 DA 输出实现直流电机调速。

跟我学 1　D/A 转换

　　通过电阻网络将 n 位数字量逐位转换成模拟量,经运算器相加,得到一个与
n 位数字量成比例的模拟量。由于计算机输出的数据(数字量)是断续的,D/A
转换过程也需要一定时间,因此转换输出的模拟量也是不连续的。

按数据输入方式不同,D/A 转换器有串行和并行两类,输入数据包括 8 位、10 位、12 位、14 位、16 位等多种规格,输入数据位数越多,分辨率也越高;按输出模拟量的性质,D/A 转换器分电流输出型和电压输出型两种。电压输出又有单极性和双极性之分,如 0～+5 V、0～+10 V、±2.5 V、±5 V、±10 V 等,可以根据实际需要选择。

跟我学 2　DAC0832

DAC0832 的内部结构。DAC0832 是美国 NS 公司的产品,它的内部结构如图 6.2.1 所示。它由 8 位输入寄存器、8 位 D/A 寄存器、8 位 D/A 转换器及控制电路组成。由于有两级锁存功能,因此可实现双缓冲、单缓冲和直通工作方式。DAC0832 的引脚图如图 6.2.2 所示,引脚功能如下:

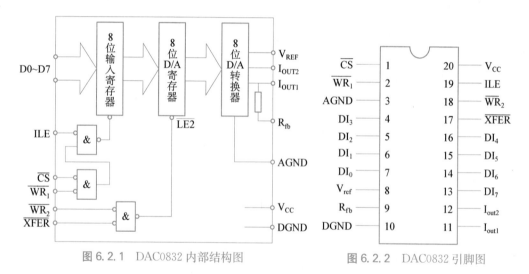

图 6.2.1　DAC0832 内部结构图　　　　图 6.2.2　DAC0832 引脚图

(1) D0～D7　8 位数据输入线,TTL 电平,有效时间应大于 90 ns。

(2) ILE　数据锁存允许控制信号输入线,高电平有效。

(3) $\overline{CS}$　片选信号输入线(选通数据锁存器),低电平有效。

(4) $\overline{WR_1}$　数据锁存器写选通输入线,负脉冲(脉宽应大于 500 ns)有效。由 ILE、CS、WR₁ 的逻辑组合产生 LE1。当 LE1 为高电平时,数据锁存器状态随输入数据线变换;LE1 负跳变时,将输入数据锁存。

(5) $\overline{XFER}$　数据传输控制信号输入线,低电平有效,负脉冲(脉宽应大于 500 ns)有效。

（6）$\overline{WR_2}$ DAC 寄存器选通输入线，负脉冲（脉宽应大于 500 ns）有效。由 $\overline{WR_2}$、$\overline{XFER}$ 的逻辑组合产生 LE2。当 LE2 为高电平时，DAC 寄存器的输出随寄存器的输入而变化；当 LE2 负跳变时，将数据锁存器的内容打入 DAC 寄存器，并开始 D/A 转换。

（7）I_{OUT1} 电流输出端 1，其值随 DAC 寄存器的内容线性变化。

（8）I_{OUT2} 电流输出端 2，其值与 I_{OUT1} 值之和为一常数。

（9）R_{fb} 反馈信号输入线，改变 R_{fb} 端外接电阻值可调整转换满量程精度。

（10）Vcc 电源输入端，Vcc 的范围为 +5～+15 V。

（11）V_{REF} 基准电压输入线，VREF 的范围为 −10～+10 V。

（12）AGND 模拟信号地。

（13）DGND 数字信号地。

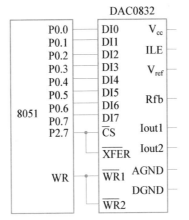

图 6.2.3 单片机与 DAC0832 接口图

单片机与 DAC0832 接口图，如图 6.2.3 所示。DAC0832 作为 8031 的一个并行输出口，若假设无关地址线为 1，那么其地址为 7FFFH。如果把一个 8 位数据 data 写入 7FFFH，也就实现了一次 D/A 转换，输出一个与 ♯data 对应的模拟量。

XBYTE 是一个地址指针，它在文件 absacc.h 中由系统定义。用 XBYTE 来定义扩展的 I/O 端口及外部 RAM 单元地址，用 XBYTE 定义的目的是为外部电路不同的功能编制不同的地址，程序直接对地址赋值，就能使外部电路实现需要的功能。P0、P2 口作外部扩展时使用。其中 XBYTE[0x7FFF]，P2 口对

应于地址高位，P0 口对应于地址低位。外部地址写一个字节时，XBYTE
[0x7FFF]＝0x56 即可。

把一个 8 位数据 data 写入地址为 7FFFH 的 DAC0832 实现了一次 D/A 转
换，输出一个与 ♯data 对应的模拟量的程序如下：

♯define ADDR0832 XBYTE[0X7FFF]　　　//定义 DAC0832 芯片的地址
ADDR0832＝data;　　　　　　　　　　　//写入 0832，进行一次转换

动手做 1　硬件电路设计

单缓冲方式是指两个数据输入寄存器中，只有一个处于受控选通状态，而另
一个则处于常通状态。或者虽然是两级缓冲，但将两个寄存器的控制信号连在
一起，一次同时选通。单缓冲方式适用于单路 D/A 转换或多路 D/A 转换，而不
必同步输出的系统中。该电路采用单缓冲方式，电路图如图 6.2.4 所示（也可以
按照图 6.2.3 所示设计电路）。根据电路图，填写表 3.2.1 元件清单。

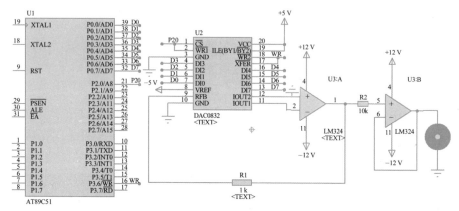

图 6.2.4　直流电机 DAC 调速电路图

表 6.2.1　直流电机 DAC 调速清单

元件名称	参数	数量	元件名称	参数	数量

元件名称	参数	数量	元件名称	参数	数量

动手做 2　　编程与仿真

直流电机 DAC 调速的程序如下：

```
#include〈reg51.h〉
#include〈absacc.h〉
#define DAC0832 XBYTE[0XFEFF]
void Delays(unsigned char N)        //N=1 延时 1 s,N<13
{
    unsigned char i;
    TMOD=0x10;  //设置 T1 为工作方式 1
    for(i=0;i<N*20;i++)  //设置 20 次循环次数
    {
        TH1=0x3c;  //设置定时器初值 50 ms
        TL1=0xb0;
        TR1=1;  //启动 T1
        while(!TF1);           //定时到,TF1=1
        TF1=0;  //定时到 T1 溢出标志位 TF1 清零
    }
}
void main()
{
    unsigned char i;
    while(1)
    {
```

```
            for(i=0;i<=255;i++)
            {
              DAC0832=i;
             Delays(1);
            }
            while(1);
          }
        }
```

从 Proteus 中选取如下元件:AT89C51、RES、DAC0832、LM324、MOTOR,放置元件、电源和地,设置参数,连线,将目标代码文件加载到 AT89C51 单片机中。直流电机 DAC 调速的仿真图,如图 6.2.5 所示。

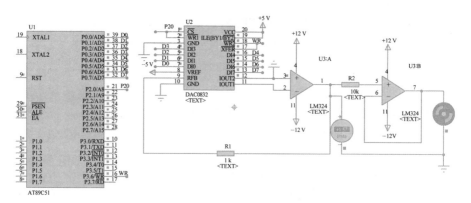

图 6.2.5 直流电机 DAC 调速仿真图

任务 3 智能温度监控系统设计

任务要求 用单片机 AT89C51 作为控制器,改进型智能温度传感器 DS18B20 作为温度采集器,设计了一款温度监控系统,当温度大于 25℃时直流电机启动。

跟我学 1 数字温度传感器 DS18B20

1. DS18B20 特点

DS18B20 数字温度传感器是 DALLAS 公司生产的单总线器件,具有线路简单、体积小的特点。因此,用它来组成一个测温系统,线路简单,一根线通信,可以挂很多这样的数字温度计。DS18B20 产品的特点:

(1) 单线结构,只需一根信号线和 CPU 相连。

(2) 不需要外部元件,直接输出串行数据。

(3) 不需要外部电源,直接通过信号线供电,电源电压范围为 3.3～5 V。

(4) 测温精度高,测温范围为 −55～+125℃。在 −10～+85℃范围内,精度为 ±0.5℃。

(5) 测温分辨率高,当选用 12 位转换位数时,温度分辨率可达 0.062 5℃。

(6) 数字量的转换精度及转换时间可通过简单的编程来控制:9 位精度的转换时间为 93.75 ms;10 位精度的转换时间为 187.5 ms;12 位精度的转换时间为 750 ms。

(7) 具有非易失性上、下限报警设定的功能,用户可方便地通过编程修改上、下限的数值。

(8) 可通过报警搜索命令,识别哪片 DS18B20 采集的温度超越上、下限。

2. DS18B20 引脚及内部结构

DS18B20 的常用封装是 3 脚、8 脚几种形式,如图 6.3.1 所示。各脚含义如下:

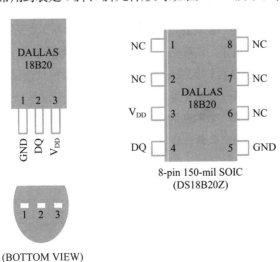

图 6.3.1 引脚图

① DQ:数字信号输入/输出端。

② GND:电源地端。

③ V_{DD}:外接供电电源输入端(在寄生电源接线时此脚应接地)。

④ NC:无连接。

DS18B20 的内部结构如图 6.3.2 所示,主要包括 64 位只读存储器储存器、温度传感器、温度报警值寄存器 TH 和 TL、配置寄存器。

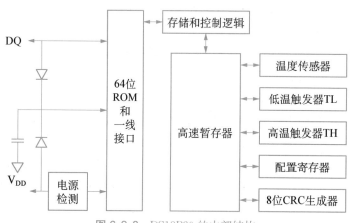

图 6.3.2　DS18B20 的内部结构

(1) 64 位只读存储器 ROM　每个 DS18B20 都包含一个 64 位的 ROM 代码——产品序列号,即该 DS18B20 的地址序列号。开始 8 位是产品类型标号(28 h),接下来的 48 位是 DS18B20 的自身序列号,最后 8 位是前 56 位的循环冗余校验(Cyclic Redundancy Check,CRC)。其作用是使每一个出厂的 DS18B20 地址序列号都各不相同,可以实现一根总线上挂接多个 DS18B20。

(2) 温度传感器　DS18B20 可将 $-55 \sim 125℃$ 的温度按 9 位、10 位、11 位和 12 位的分辨率量化,与之对应的温度增量单位值分别是 $0.5℃$、$0.25℃$、$0.125℃$ 和 $0.062\,5℃$ 的测量,默认为 12 位分辨率。分辨率 12 位的温度格式如图 6.3.3 所示。

D7	D6	D5	D4	D3	D2	D1	D0	
2^3	2^2	2^1	2^0	2^{-1}	2^{-2}	2^{-3}	2^{-4}	LSB

D7	D6	D5	D4	D3	D2	D1	D0	
S	S	S	S	S	2^6	2^5	2^4	MSB

图 6.3.3　12 位温度格式

S 为符号位,S=1 表示负温度系数,S=0 表示正温度系数。温度大于 0,符号位为 0,只要把测得值乘以温度增量单位值 0.062 5 即得实际温度。温度小于 0,符号位为 1,把测得值取反加 1 后乘以温度增量单位值 0.062 5 即得实际温度。

(3) 低温触发器 TL、高温触发器 TH　用于设置低温、高温的报警数值,两个寄存器均为 8 位。DS18B20 完成一个周期的温度测量后,将测得的温度值(整数部分,包括符号位)和 TL、TH 相比较。如果小于 TL,或大于 TH,则表示温度越限,将该器件内的告警标志位置位,并对单片机发出的告警,搜索命令作出响应。修改上、下限温度值只需使用一个功能命令,即可对 TL、TH 写入,十分方便。TL、TH 存储器格式如图 6.3.4 所示。

D7	D6	D5	D4	D3	D2	D1	D0
S	2^6	2^5	2^4	2^3	2^2	2^1	2^0

图 6.3.4　TL、TH 寄存器格式

(4) 内部存储器　包括一个 9 字节的高速暂存器和一个 3 字节的非易失寄存器 E2PROM,后者是高温触发器和低温触发器和配置寄存器。配置寄存器用于设置 DS18B20 温度测量分辨率,数据格式如图 6.3.5 所示。

D7	D6	D5	D4	D3	D2	D1	D0
0	R1	R0	1	1	1	1	1

图 6.3.5　配置寄存器格式

该寄存器中主要设置 R1、R0 的值,这两位值决定了 DS18B20 温度测量分辨率,其含义如图 6.3.6 所示。

R1	R0	分辨率
0	0	9位
0	1	10位
1	0	11位
1	1	12位

图 6.3.6　分辨率设置

3. DS18B20 的读写操作

(1) ROM 操作命令 ① 读命令（33H）：通过该命令，主机可以读出 DS18B20 的 ROM 中的 8 位系列产品代码、48 位产品序列号和 8 位 CRC 校验码。该命令仅限于单个 DS18B20 在线的情况。

② 选择定位命令（55H）：当多片 DS18B20 在线时，主机发出该命令和一个 64 位数。DS18B20 内部 ROM 与主机一致，才响应命令。该命令也可用于单个 DS18B20 的情况。

③ 查询命令（0F0H）：该命令可查询总线上 DS18B20 的数目及其 64 位序列号。

④ 跳过 ROM 序列号检测命令（0CCH）：该命令允许主机跳过 ROM 序列号检测而直接对寄存器操作，该命令仅限于单个 DS18B20 在线的情况。

⑤ 报警查询命令（0ECH）：只有报警标志置位后，DS18B20 才相应该命令。

(2) 存储器操作命令 ① 写入命令（4EH）：该命令可写入寄存器的第 2、3、4 字节，即高低温寄存器和配置寄存器。复位信号发出之前，3 个字节必须写完。

② 读出命令（0BEH）：该命令可读出寄存器中的内容，复位命令可终止读出。

③ 开始转换命令（44H）：该命令使 DS18B20 立即开始温度转换。温度转换进行时，主机这时读总线将收到 0；当温度转换结束时，主机这时读总线将收到 1。若用信号线给 DS18B20 供电，则主机发出转换命令后，必须提供至少相应于分辨率的温度转换时间的上拉电平。

④ 回调命令（088H）：该命令把 EEROM 中的内容写到寄存器 TH、TL 及配置寄存器中。DS18B20 上电时，能自动写入。

⑤ 复制命令（48H）：该命令把寄存器 TH、TL 及配置寄存器中的内容写到 EEROM 中。

⑥读电源标志命令（084H）：主机发出该命令后，DS18B20 将响应，发送电源标志，信号线供电发 0，外接电源发 1。

4. DS18B20 的复位及读写时序

(1) 复位 对 DS18B20 操作之前，首先要将它复位。时序如图 6.3.7 所示。主机将信号线置为低电平，时间为 480～960 μs。主机将信号线置为高电平，时间为 15～60 μs。

DS18B20 发出 60～240 μs 的低电平作为应答信号。单片机收到此信号后，表明复位成功，才能对 DS18B20 作其他操作；否则，可能发生器件不存在、器件损坏或其他故障。

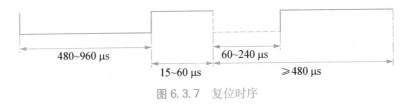

图 6.3.7 复位时序

（2）写字节 单片机将 DQ 设置为低电平，延时 15 μs 产生写起始信号。将待写的数据以串行形式送一位至 DQ 端，DS18B20 在 15～60 μs 的时间内检测 DQ。如 DQ 为高电平，则写 1；如 DQ 为低电平，则写 0。完成了一个写周期，在开始另一个写周期前，必须有 1 μs 以上的高电平恢复期。时序如图 6.3.8 所示。

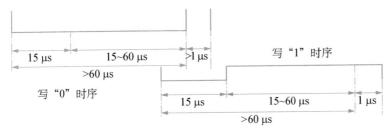

图 6.3.8 写时序

（3）读字节 当单片机准备从 DS18B20 温度传感器读取每一位数据时，应先发出启动读时序脉冲，即将 DQ 设置低电平 1 μs 以上，再使 DQ 上升为高电平，产生读起始信号。启动后等待 15 μs，以便 DS18B20 能可靠地将温度数据送至 DQ 总线上，然后单片机开始读取 DQ 总线上的结果。单片机在完成取数据操作后，要等待至少 45 μs，才能完成了一个读周期。在开始另一个读周期前，必须有 1 μs 以上的高电平恢复期。时序如图 6.3.9 所示。

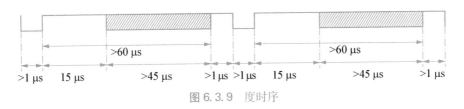

图 6.3.9 度时序

动手做 1 硬件电路设计

设计硬件电路图,如图 6.3.10 所示。用单片机 AT89C51 的 P1.0 口线经上拉后接至 DS18B20 的引脚 2 数据端,引脚 1 接电源地端,引脚 3 接+5 V 电源端,P0 和 P2 口接静态数,P3.0 和 P3.1 经 L298 与直流电机连接。根据电路图填写表 3.3.1 元件清单。

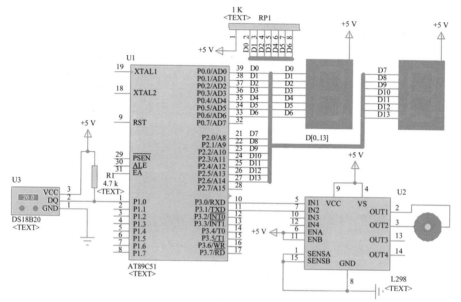

图 6.3.10 智能温度监控系统电路图

表 6.3.1 智能温度监控系统元件清单

元件名称	参数	数量	元件名称	参数	数量

动手做 2　编程与仿真

智能温度监控系统程序如下：

```
#include<reg51.h>
#include<intrins.h>

sbit DQ=P1^0;
unsigned char seg[]=
    {0xc0,0xf9,0xa4,0xb0,0x99,0x92,0x82,0xf8,0x80,0x90};
unsigned char Temp;
unsigned int temperature;
bit DS_IS_OK=1;

void delay(unsigned int time)
{
    while(time——);
}

unsigned char Init_Ds18b20()
{
    unsigned char status;
    DQ=1;delay(8);
    DQ=0;delay(90);
    DQ=1;delay(8);
    status=DQ;delay(100);
    return status;
}

unsigned char read()
{
    unsigned char i=0;
```

```
    unsigned char dat=0;
    DQ=1;_nop_();
    for(i=8;i>0;i——)
    {
        DQ=0;dat>>=1;DQ=1;_nop_();_nop_();
        if(DQ)dat|=0x80;
        delay(30);DQ=1;
    }
    return(dat);
}


void write(unsigned char dat)
{
    unsigned char i;
    for(i=8;i>0;i——)
    {
        DQ=0;
        DQ=dat&0x01;
        delay(5);
        DQ=1;
        dat>>=1;
    }
}


void ReadTemperature()
{
    unsigned char tempL=0;
    unsigned char tempH=0;
    if(Init_Ds18b20()==1)
        DS_IS_OK=0;
    else
    {
```

```
        write(0xcc);write(0x44);
        Init_Ds18b20();
        write(0xcc);write(0xbe);
        tempL=read();
        tempH=read();
        temperature=(tempH<<8)|tempL;
        DS_IS_OK=1;
    }
}


void display()        //显示子程序
{
    Temp=temperature*0.0625;  //正温度转换
    P0=seg[Temp/10];    //十位
    P2=seg[Temp%10];    //个位


}
void main()
{
    ReadTemperature();
    delay(50000);
    delay(50000);
    while(1)
    {
        ReadTemperature();
        if(DS_IS_OK)
        {
            display();
            delay(50000);
        if(Temp>25)P3=0x55;
        else P3=0xFF;
        }
```

```
    }
  }
```

从 Proteus 中选取如下元件：AT89C51、RES、7SEG-COM-AN-GRN、L298、MOTOR、DS18B20，放置元件、电源和地，设置参数，连线。将目标代码文件加载到 AT89C51 单片机中，智能温度监控系统仿真图如图 6.3.11 所示。

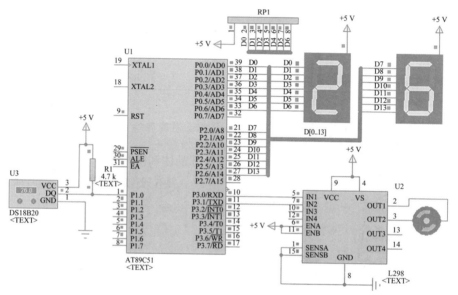

图 6.3.11　智能温度监控系统仿真图

参考文献

1. 王静霞.单片机应用技术(C语言版)[M](第2版),北京:电子工业出版社,2014.

2. 李法春.C51单片机应用设计与技能训练[M],北京:电子工业出版社,2011.

3. 陈海松.单片机应用技能项目化教程[M],北京:电子工业出版社,2012.

4. 金杰.基于Proteus仿真的单片机技能应用[M],北京:电子工业出版社,2014.

5. 张毅刚.新编MCS51单片机应用设计[M](第三版),哈尔滨:哈尔滨工业大学出版社,2008.

6. 李萍.单片机应用技术项目教程[M],北京:人民邮电出版社,2012.

7. 雷思孝.单片机系统设计及工程应用[M],西安:西安电子科大学出版社,2005.

8. 黄英.单片机工程应用技术[M](第二版),上海:复旦大学出版社,2014.

9. 刘守义.单片机应用技术[M](第2版),西安:西安电子科大学出版社,2007.

10. 马忠梅.单片机的C语言应用程序设计[M](第5版),北京:北京航空航天大学出版社,2013.

11. 李朝青.单片机原理及接口技术[M](第4版),北京:北京航空航天大学出版社,2013.

12. 陈忠平.单片机原理及接口[M](第2版),北京:清华大学出版社,2011.

13. 唐文彦.传感器[M](第5版),北京:机械工业出版社,2014.

14. 赵犁丰.传感器与单片机技术实训[M],北京:电子工业出版社,2012.

图书在版编目(CIP)数据

学做一体单片机项目开发教程/万松峰主编. —上海：复旦大学出版社,2019.10
(复旦卓越·普通高等教育 21 世纪规划教材)
ISBN 978-7-309-14640-0

Ⅰ.①学…　Ⅱ.①万…　Ⅲ.①单片微型计算机-程序设计-高等学校-教材
Ⅳ.①TP368.1

中国版本图书馆 CIP 数据核字(2019)第 218112 号

学做一体单片机项目开发教程
万松峰　主编
责任编辑/张志军

复旦大学出版社有限公司出版发行
上海市国权路 579 号　邮编：200433
网址：fupnet@ fudanpress. com　http://www.fudanpress.com
门市零售：86-21-65642857　团体订购：86-21-65118853
外埠邮购：86-21-65109143
上海崇明裕安印刷厂

开本 787×960　1/16　印张 11.25　字数 186 千
2019 年 10 月第 1 版第 1 次印刷

ISBN 978-7-309-14640-0/T·653
定价：28.00 元

如有印装质量问题,请向复旦大学出版社有限公司发行部调换。
版权所有　　侵权必究